KB252373

먹는 재료로 청소한다!

*

내추럴 클리닝

*

Natural Cleaning

먹는 재료로 청소한다!

*

내추럴 클리닝
Natural Cleaning

*

사코 노리코 지음 · 구현숙 옮김 · 최민희 추천

시작해보자!
부엌에 있는 먹는 재료로
집 안을 깨끗하게 청소하는
내추럴 클리닝.
아이에게도
애완동물과 어른에게도
그리고
환경에도 안전하고
간단한 청소법이다.

아토피 아이를 둔 엄마들의 필독서!

어렸을 때 어머니가 설거지를 한 뒤 뜨거운 물을 씻어놓은 그릇에 부으시며 이런 말씀을 하신 기억이 있다.

"이렇게 더운물을 부으면 행주로 그릇을 닦지 않아도 된단다."

마른 행주로 그릇을 닦아 정돈하는 일이 매우 지겨웠으므로 어머니의 말을 듣고 나서는 더운물로 설거지 마무리를 하게 되었다. 뜨거운 물로 그릇을 헹구어내면 세제를 쓰지 않아도 그릇들이 말끔해졌다. 세제를 쓸 때마다 약간의 죄책감이나 찜찜함을 느끼곤 했는데, 그런 점도 동시에 해결할 수 있어서 더할 나위 없이 좋았다. 그래서 지금도 특별한 경우가 아니면 세제는 거의 쓰지 않고 더운물로 설거지를 한다.

가끔 우리 집 아이들이 내가 설거지하는 것을 보고는 왜 세제를 안 쓰냐고 묻는다. 무공해세제를 한 통 사면 1년은 쓰는 것 같다. 혹시 콜라가 생기면 보관해두었다가 기름기 있는 그릇을 씻기도 하고 쌀뜨물을 세제대용으로 쓰다 보니 정말 세제를 적게 쓰게 된다.

간혹 밀가루 반죽을 한 뒤 남은 밀가루로 그릇을 씻는 것도 효과가 좋았다. 마시다 남은 커피도 훌륭한 세제대용품이 된다. 밀가루를 풀어놓은 물에 커피를 조금 넣어 하수구의 찌든 때를 닦으면 어느 정도 깨끗해진다. 마음먹고 집 안 청소를 해야겠다 싶은 날은 몰래 숨겨둔 콜라로 집 안 구석구석의 찌든 때를 닦아내면 신기할 정도로 효과가 있었다.

그러다 보니 다른 사람들에게서 '희한한 사람'이라는 소리를 듣기도 하는데, 혼자 세제를 덜 쓰려고 애쓰다가 불쑥 이런 생각도 들었다. 아예 기업에서 세제를 만들 때 무조건 수질오염을 예방하는 친환경세제를 만들면 되지 않을까. 슈퍼마 켓이나 백화점에서 아무 세제나 사다 써도 되는 그런 세상이라면 얼마나 좋을까. 어쨌든 지인의 표현을 빌리자면 '문명적 삶'이 별로 어울리지 않는 '미개인적 삶'에 연연하다가 어느덧 문화인화되어 생협(생활협동조합) 세제 정도는 팍팍 쓰 며 적당히 '타협적인 삶'을 살고 있던 차에 《내추럴 클리닝》이라는 책이 눈앞에 나타났던 것이다. 이런 종류의 책을 조금만 일찍 만났다면 어쩌면 개인적으로 '미개인적 삶'의 자연친화성에 관한 증명 운운하며 이 책의 전도사가 되었을지 도 모를 터이다.

이 책은 전국 곳곳에서 '문명적 삶'을 거부하는 수많은 아줌마들이 암암리에 해보던 이런저런 친환경적 집 안 청소법의 집대성이라 할 만하다. 10년 전쯤에 나왔다면 아마 소수의 환경운동가만이 이 책에 관심을 가졌을지도 모른다. 그 러나 아토피를 비롯한 알레르기성 질환이 일반화된 지금 이 책은 건강한 집 안 관리를 위한 필독서로 자리할 만하다. 특히 아토피로 고생하는 회원들이 많은 수수팥떡 모임의 입장에서는 무척 고마운 책이기도 하다.

이 책이 나오자마자 초베스트셀러에 진입해 아이들 건강을 지키는 데 활용되 고, '반문명적 삶'을 사는 아줌마들을 양산하는 데 기여해주길 바란다. 혹시 이 책이 기업에게는 '친환경 집 안 청소 세제' 쪽으로 생산 마인드를 전환하는 계 기가 된다면 더욱 좋을 것 같다.

차 례
c o n t e n t s

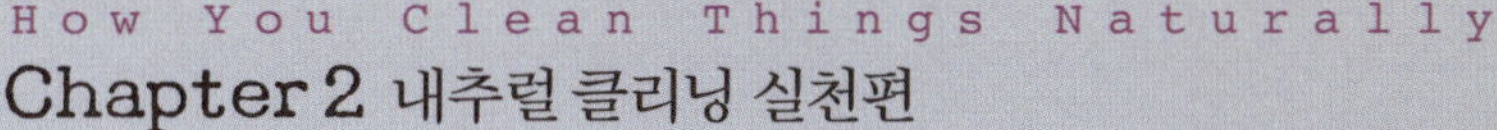

Chapter 2 내추럴 클리닝 실천편

고무장갑과 마스크로
완전 무장하고
청소한 욕실에서
아이들을 목욕시키는 것이
불안하지 않으세요?

우리들이 상상하지 못한 재료들로
집 안이 반짝반짝해진다
그 시작은 단 한 권의 책이었다

미국에서 조용히, 그러나 확실하게 확산되고 있는 내추럴 클리닝은 식초나 레몬, 베이킹소다 등 부엌에 항상 준비되어 있는 재료를 가지고 집 안을 깨끗하게 청소하는 방법이다.

바쁜 일상에 쫓겨 잠깐 방심한 사이 어느새 쌓인 집 안의 묵은 때. 이것을 한번에 제거하기 위해서는 강력한 세제에 의지할 수밖에 없다. 하지만 손에는 고무장갑, 입에는 마스크를 착용하고 청소한 욕실에 벌거벗은 우리 아이들을 들여보내려면 왠지 불안하지 않은가? 청소할 때 꼭 강한 세제를 사용하지 않아도 충분히 청결을 유지할 수 있다.

아이들이 뒹굴어도, 개나 고양이가 핥아도 안전한 바닥. 벌거벗고 청소할 수 있는 욕실용 세제. 오랜 시간에 걸쳐 생긴 더러움을 조금씩 손보면서 그 나름대로 시간을 들여 원래의 상태로 되돌린다. 무리하지 않고 조급해하지 않으며 여유를 가지고 해나가자.

내추럴 클리닝은 처음에는 자연주의자들만의 청소법이었다. 하지만 시간이 흐르면서 사람들에게 그 효과를 인정받아 일반인들 사이에서도 점점 확산되고 있다. 내가 처음 이 청소법을 접하게 된 것은 미국 환경활동가인 카렌 로건의 청소에 관한 책 『천사는 깨끗한 집에 찾아온다』를 번역하면서였다.

카렌은 식초, 베이킹소다 등 도저히 청소에 사용하리라 생각지 못한 재료로도 충분히 청소가 가능하다고 말한다.

나는 각각의 장소에 맞게 화장실에는 화장실용을, 욕실에는 욕실용 전용세제를 사용해야 한다고 믿고 있었기에, 그녀의 책을 번역하면서도 '과연 이런 것으로 정말 청소가 될까?' 하고 반신반의했다. 그런데 실제로 카렌의 말대로 시험해본 뒤로 나의 생활은 크게 달라졌다.

진짜로 그런 재료들을 이용해 부엌, 거실뿐만이 아니라 화장실과 세면대도 반짝반짝 빛이 나게 청소할 수 있다는 사실을 알게 되었기 때문이다. 게다가 먹을 수 있는 재료를 사용하기 때문에, 청소할 때 호기심 많고 뭐든 손으로 직접 만져야 직성이 풀리는 딸아이가 옆에 있어도 걱정이 없다. 초등학생인 아들 녀석에게 욕실 청소를 맡겨도 안심할 수 있다.

그리고 어디를 가나 장소별로 세제가 몇 가지씩 늘어져 있던 우리 집 풍경이 달라졌다. 선반이나 개수대를 점령하고 있던 색상, 모양, 크기가 제각각이던 세제 용기들이 지금은 하얗고 투명한 용기들로 바뀌었다. 바뀐 용기들은 통일된 디자인이라 보기에도 깔끔하고, 사용하기에도 훨씬 편하다.

과거에 슈퍼에 가면 신상품이라는 말에 귀가 솔깃해져 어느새 손이 먼저 가고는 했다. 하지만 청소 방법을 바꾸면서 쓸데없이 세제를 구입하는 횟수가 줄고, 쓰레기와 불필요한 지출도 어느새 줄게 되었다. 그래서 알고 있는 방법 외에 뭔가 새로운 청소법이 없을까 하는 궁금증에 인터넷을 검색해보고는 정말 깜짝 놀라고 말았다. 미국에는 예상한 것 이상으로 내추럴 클리닝 관련 사이트가 대단히 많았다. 그리고 그런 사이트에는 안전한 재료를 이용하여 누구나 손쉽게 청소할 수 있는 방법들이 잔뜩 실려 있었다.

4년간 시행착오를 거쳐 얻은, 소중한 가족을 살리는 청소법

나는 번역서 출간과 동시에 친구들과 함께 '환경친화적인 청소'라는 홈페이지를 개설하였다. 그리고 이곳 게시판에서는 내추럴 클리닝에 대한 자신의 노하우를 함께 나누려는 여성들의 즐거운 수다가 활발히 이루어졌다.

그러면서 냄새가 강한 식초보다 무취인 구연산이 우리 가정에 더 효과적이라는 사실과, 우리 생활에 맞는 간단한 청소비법들과 지혜가 하나둘 모아지기 시작했다. 또 제조회사로부터 오랫동안 쌓아온 연구 성과를 배울 수 있는 기회도 주어졌다.

이렇게 5년 가까이 다양한 방법들을 테스트하다 보니, 만들기 번거롭거나 보존하는 데 손이 많이 가는 것은 자연스럽게 제외되었다. 부끄러운 얘기지만 우리 집 가사담당자인 나는 가계부 정리를 비롯해 조깅, 다이어트 등 결심한 지 한 달도 못 가 작심삼일이 되고 마는 성격의 소유자이다. 게다가 같이 사는 아기돼지 세 마리, 바로 우리 아이들은 그야말로 놀랄 만한 속도로 온 집 안을 어지럽히고 다니기 때문에 손이 많이 가는 일은 꿈도 꿀 수 없다.

나와 아이들은 모래를 가지고 놀면 손의 피부가 벗겨질 정도로 피부가 건조하고, 아토피와 천식으로 고생하고 있기 때문에 냄새가 강하거나 피부에 자극을 주는 재료는 사용할 수 없다. 지금부터 소개하는 내용은 그런 우리 집에서 사용하고 있는 청소법이다.

"환경을 위해, 건강을 위해."―머리로는 잘 알고 있지만, 실생활에서는 그러기 위해 투자할 시간도, 돈도 한정되어 있다. 시간적 여유가 있는 사람만이 가능하거나 부자들만이 실천에 옮길 수 있는 청소법에 대해서는, 개인적으로 그런 쪽과 인연도 없을 뿐더러 흥미도 없다. 내추럴 클리닝은 누구나 손쉽게 꾸준히 할 수 있기 때문에 미국의 수많은 가정에서 폭넓은 지지를 받을 수 있었고, 우리 집에서도 별 어려움 없이 정착할 수 있었다.

집 안이 깨끗해지는 것이 즐겁다
습관이 되어버린 청소법

단, 자연 재료를 이용하여 청소를 하면 극적인 효과를 기대하기는 어렵다. 그러나 몇 번이고 꾸준히 하다 보면 어느 순간 깨끗해진 것을 느끼게 될 것이다. 또 일반 오일이나 세제 같은 것을 하얀 목재에 대량으로 사용하면 얼룩이 생길 수 있다. 그래서 새로운 방법을 시도할 때는 조금씩, 상태를 보면서 해야 한다. 하지만 내추럴 클리닝을 일단 한번 시도해보면 반드시 "어머, 이거 괜찮은데." 하고 만족감을 줄 다양한 청소법을 발견할 수 있으리라 확신한다. 청소 도구나 세제 용기를 사용하기 편하고, 마음에 드는 색상과 디자인으로 하나둘씩 바꿔가는 것은 즐거운 일이다. 여러분도 본인에게 맞는 청소 도구와 자기만의 청소 방식을 발견하게 되면 청소가 그렇게 귀찮게만 느껴지지는 않을 것이다. 그런 날을 목표로, Happy Cleaning!

Chapter 1

내추럴 클리닝 기본편

Natural Cleaning, How It Works

특별한 준비가 필요 없는 청소법.

구연산, 베이킹소다,

비누만 있으면 준비 끝.

기본 지식만 배우면,

장소별로 따로 세제를 구입하지 않아도,

온 집 안이 반짝반짝 빛이 난다.

청소의 기본은 중화시키는 것!

겨우 3가지 재료만으로

집 안이 깨끗해진다

내추럴 클리닝의 기본은 오염된 부분을 중화시키는 것이다. 산성인 때를 알칼리성으로, 알칼리성인 때를 산성으로 중화시키면 된다. 더러움을 발견하면 우선 그것이 어떤 성질을 갖고 있는지 살펴보도록 하자. 산성? 아니면 알칼리성? 오염의 성질에 따라 각각 대응법이 다르다. 청소는 조금도 어려울 것이 없다. 어린 시절 학교에서 배운 간단한 화학을 응용하면 된다.

구연산 산성 Cleaning

구연산은 알칼리성인 더러움을 중화시켜 세균의 발생을 억제해준다

과일이나 식초에 함유되어 있는 성분

레몬이나 매실 장아찌의 신맛을 내는 요소가 구연산이다. 구연산은 여러 가지 과일에 함유되어 있지만, 신맛을 내는 것만이 아니라, 식중독의 원인이 되는 살모넬라균의 번식을 억제하고, 체내에 영양분의 흡수를 원활하게 해주는 효과가 있어서 음식의 맛을 내는 양념으로 사용되기도 한다. 내추럴 클리닝에서는 구연산의 이런 효능을 이용한다. 미국에서는 일반적으로 부엌에 레몬이 준비되어 있지만, 우리는 귤이나 유자 쪽이 더 접하기 쉬울 것이다. 또는 과일을 직접 사용하는 방법 외에 과립 상태의 구연산을 구입하여 사용하는 방법도 있다.

그리고 구연산에는 식초와 같은 효과가 있어서 요리에 식초 대용으로 사용해도 좋다.

산성 작용

구연산은 산성이므로 물때와 비누 찌꺼기 등 알칼리성 더러움을 중성화시킬 때 효과적이다.

정균 효과

구연산에는 인체에 해가 되는 미생물의 번식을 억제하는 정균(靜菌) 효과가 있다. 그래서 도마 등을 세척할 때 이용하면 좋다. O-157(사람이나 동물의 대장에 서식하여 설사나 복통, 구토

구연산

등을 일으키는 병원성 대장균의 일종.—옮긴이)의 번식을 막기 위해
서 식초로 도마를 씻으면 좋다고 하는 것도 이 때문이다.
식초와 구연산 모두 잡균 억제 효과가 있다.

무취로 물에 쉽게 녹는다

내가 천연 식초나 레몬보다 시판되고 있는 구연산을 애용
하고 있는 이유는 무취이며 과일처럼 부패하지 않기 때문
이다. 게다가 과립이어서 직접 도마에 뿌리거나, 물에 녹
여 스프레이에 담아 사용하는 등 용도에 따라 구분하여 쓸
수 있다.

린스 효과

청소의 마무리는 그 상태를 중성으로 유지시켜주는 것이
다. 하지만 산성으로 오염된 곳에 베이킹소다와 비누를 이
용하여 그 성질을 알칼리성으로 바꾼 다음 그대로 방치하
면 알칼리성 상태가 되어버린다. 이때 희석시킨 구연산수
를 뿌려주면 구연산의 약산성으로 인해 중성이 된다. 이렇
게 구연산에는 알칼리성을 중화시켜주는 린스 효과가 있다.
단, 산성이기 때문에 철에 사용하면 녹이 생길 수 있으니 주
의해야 한다.

구연산수

♠재료구입 방법

큰 약국이나 인터넷 쇼핑몰(천연비누 관련 사이트 등)에서 구연
산을 판매하고 있다. 구연산을 구하기가 어렵거나 물에 녹
여 사용하는 것이 번거롭다면, 식초를 2~3배로 희석시켜
사용하는 방법도 있다. 그럴 경우 용기에 '식용'이라는 표
시가 있는지 확인하도록 한다. 초밥용 식초 등과 같이 '조
미된 식초'는 사용할 수 없다.

♠보존 용기

과립인 채로 사용할 경우는 조미료통이 편리하다. 단, 물에
녹기 쉬우므로 사용한 뒤에 새는 부분 없이 뚜껑이 잘 닫히
는 타입이 좋다.

♠구연산수

물 1컵에 구연산을 작은 숟가락으로 1숟가락 넣은 뒤 잘 저
어 녹여준다. 그것을 스프레이에 담아 사용하면 편리하다.

♠구연산 페이퍼

들러붙은 석회 등 물때를 닦을 때는, 구연산에 소량의 물을
부어 풀처럼 걸쭉한 상태로 만든 다음 그것을 더러워진 곳
에 발라준다. 그리고 위에 티슈를 덮어놓은 뒤 몇 시간에서
하룻밤 정도 놓아두었다가 문질러서 닦아낸다.

베이킹소다 알칼리성

산성인 기름때를 중화시켜주고 연마제로도 활용할 수 있다

부엌에서 친숙한 재료

베이킹소다는 탄산수소나트륨, 중조, 중탄산나트륨 등으로도 불린다. 베이킹소다는 원래 바싹 마른 호수의 바닥에서 채취하는 천연 미네랄이다. 빵이나 쿠키를 구울 때 반죽을 부풀리는 데 사용하기 때문에 미국에서는 부엌의 필수품이다.

채소의 떫은맛을 우려내거나 검은 콩을 삶을 때 넣는 등 요리할 때도 사용할 수 있다.

베이킹소다는 앞으로 소개할 청소 방법에 유용한 다양한 효능을 갖고 있을 뿐만 아니라, 물에 흘려보내도 pH(수소이온농도)에 영향을 미치지 않는다. 게다가 땅속에서 분해되면 비료가 되는 신기한 성질을 갖고 있어서 내추럴 클리닝에서 빠져서는 안 되는 인기 아이템이다.

그 활용이 얼마나 다양한지 미국 사이트에서 베이킹소다를 검색해보면, 요리보다 청소에 관련된 정보가 더 많이 소개되어 있는 것은 아닌가 싶을 정도이다.

그리고 목욕할 때 목욕물에 넣으면 몸을 따뜻하게 해주는 등 집 안에서 여러모로 쓰임새가 많은 재료이다.

소화를 도와주는 약

예부터 위산을 억제하는 약으로 사용되어 왔고, 약국에서는 '탄산수소나트륨'이란 이름으로 판매되고 있다.

약알칼리성 작용

약알칼리성이므로 산성인 더러움을 중화시키는 성질이 있다. 이 성질을 효과적으로 발휘할 수 있는 대상이 기름때이다. 베이킹소다를 이용하면 산성인 기름때를 깨끗하게 제거할 수 있다.

단, 알루미늄에 사용하면 색이 검게 변하므로 주의해야 한다.

연마 작용

또 다른 역할은 연마제(研磨劑)로서 더러움을 문질러서 닦아낼 수 있다는 것이다. 베이킹소다의 입자는 대부분의 얼룩보다 단단하고 플라스틱보다 부드럽기 때문에 흠집나기 쉬운 소재의 물건을 닦을 때 유용하다.

탈취 효과

베이킹소다에는 불쾌한 냄새를 빨아들이는 효능이 있다. 미국의 가정에 가보면 냉장고 안에 반드시 뚜껑을 연 베이킹소다 용기가 들어 있을 정도이다. 탈취 효과는 2개월 정도 유지되며, 탈취 효과가 사라진 뒤에는 청소에 사용할 수 있으므로 마지막까지 제 기능을 다하는 아주 유용한 재료가 아닐 수 없다.

베이킹소다

베이킹소다 페이스트

♠ 재료구입 방법

제과재료 판매점에서 구입할 수 있는 '베이킹소다(식소다)'
와 약국에서 판매하고 있는 '탄산수소나트륨'은 입자가 고
와서 작업에 사용하기 편하다.
최근에는 슈퍼, 대형 마트, 인터넷 쇼핑몰에서도 판매하고
있다.

♠ 보존 용기

양념통에 넣어 사용한다. 작은 컵이나 빈 병 등에 담아 냉장
고에 넣어두고 탈취제로 사용하면 일석이조의 효과를 누릴
수 있다.

♠ 베이킹소다 페이스트

베이킹소다 1컵에 물 2분의 1컵을 넣고 섞어준다. 분리되기
쉬우므로 사용하기 전에 잘 저어줘야 하며, 밀폐용기에 담
아서 보존한다.

기름을 분리시켜 산성의 오염물질을 중화시킨다

기름을 물에 녹게 하는 효과

비누는 계면활성제의 일종이다. 계면활성제를 사용하면 물에 녹지 않는 기름때가 물에 쉽게 녹도록 도와주고, 때가 불어서 한결 닦아내기 쉬워진다.

계면활성제에는 비누 외에 석유, 동식물의 천연유지로 합성한 합성계면활성제가 있다. 이것을 주원료로 한 것이 합성세제이다. 그리고 비누와 합성세제를 모두 포함하고 있는 것이 복합비누이다.

자연주의자가 선호하는 비누

비누는 물속에서 생물에 의해 분해된다고 하며, 구연산이나 식초를 뿌리면 중성화되기 때문에 내추럴 클리닝에서는 비누를 사용한다. 구입할 때는 성분 표시에 '순비누 0%'라고 쓰여 있는지를 확인하도록 한다.

매우 유용한 '비눗물'

비누는 형태에 따라 고형과 분말, 그리고 액체 세 종류가 있다. 어느 것을 써도 상관없지만, 분말에는 필요 이상의 약품이 들어 있지 않다는 장점이 있다.

내가 애용하는 비누는 아카호시 타미코 씨가 추천해준 '비눗물'이다. 청소에는 액체 상태가 사용하기 편하며 필요한 양만큼 간단히 만들어 사용할 수 있다.

♠ 재료구입 방법

순비누는 몇 년 전까지만 해도 좀처럼 손에 넣을 수 없었다.
요즈음은 인터넷(샤본다마 등)에서 판매하고 있다.

♠ 비눗물 만들기

내열성 재질의 뚜껑이 있는 용기를 준비한다. 가루비누를
용기에 작은 숟가락으로 1숟가락 넣고 거기에 40도 정도의
따뜻한 물 1컵을 넣는다. 그리고 뚜껑을 닫은 뒤 비누가 녹
을 때까지 잘 흔들어준다.
단, 가루비누의 입자가 미세하여 사용 시 재채기나 기침이
나는 사람, 또는 손이 쉽게 거칠어지는 사람은 고형비누를
이용하도록 한다. 고형비누를 치즈 칼로 깎은 다음 따뜻한
물에 녹여 사용하면 된다.

♠ 비눗물 용기

펌프식 용기에 넣어서 사용하면 편리하다.

청소를
도와주는
훌륭한
도우미

열탕

뛰어난 소독효과

'증기소독', '열탕소독'이라는 말이 있듯이 소독에는 열탕이 효과적이다. 곰팡이와 여러 가지 세균의 번식으로 인한 악취와 끈적임을 예방하는 효과도 있다.

취급주의!

미국의 내추럴 클리닝 비법을 보면 카펫의 얼룩을 제거할 때 꼭 등장하는 것이 열탕이다. 기름때나 곰팡이가 핀 찐득한 얼룩을 불리는 작용을 해준다. 그러나 일본에서는 열탕을 청소에 그다지 이용하지 않는 편인데, 그 이유는 화상의 위험이 있기 때문인 것 같다. 특히 아이들과 애완동물이 있는 경우는 주의가 필요하다.

스팀청소기

최근에는 열탕을 고압으로 분사하는 스팀청소기를 쉽게 구입할 수 있다. 증기의 힘으로 때를 부드럽게 만들어 부착된 표면에서 제거하기 쉽도록 도와주며, 고압으로 때를 날려주기도 한다. 동시에 살균 효과도 기대할 수 있다. 화상에 대한 걱정도 적으며 세제 없이 청소를 끝낼 수 있다.

탄산수

카렌의 아이디어

유리와 거울을 닦을 때 뛰어난 효과를 발휘하는 것이 바로 탄산수이다. 위스키나 소주를 마실 때 넣는, 설탕이 들어 있지 않은 탄산수를 스프레이에 옮겨 담으면 그것으로 준비 완료. 이 아이디어를 생각해낸 것은 『천사는 깨끗한 집에 찾아온다』를 쓴 카렌 로건이다. 냉장고에 보관하지 않아도 되며 탄산이 빠져나가도 그 효과에는 변함이 없다.

이산화탄소의 효과

탄산수가 유리에 생긴 성에나 손때를 깨끗이 닦아주는 것은 탄산수에 녹아 있는 이산화탄소 때문이다. 약산성수의 살균, 청정, 계면활성 등의 효과가 있으며 침투력을 높여주는 작용을 한다. 구연산 등과 비교하여 건조되는 속도도 빠르기 때문에 작업도 한결 신속하게 마칠 수 있다. 유리와 거울뿐만 아니라 안경이나 스캐너도 닦으면 반짝반짝해진다. 나는 향수용 스프레이에 담아 안경 클리너로 사용하고 있다.

내추럴 클리닝을 시작하고 시간이 지나다 보면 이런저런 소박한 의문이 생기게 된다. '환경친화적인 청소' 홈페이지의 게시판에는 그런 질문들이 많이 올라와 있다. 그리고 많은 사람들이 각 질문에 대해 자신의 경험담이나 조사한 내용을 성의껏 올려줘서 게시판은 그야말로 내추럴 클리닝의 지혜의 보고가 되었다. 다음은 그 중에서 자주 올라오는 질문들을 모아보았다.

Q 세제로 구연산 대신 식초를 사용해도 될까?

A 식초를 사용해도 상관없다. 초밥용 식초 등 조미식초는 설탕과 미림(맛술)이 첨가되어 있기 때문에 부적합하지만, 원료가 곡식인 식초는 사용해도 문제없다.

Q 가족 모두 식초 냄새에 질려버렸다. 냄새를 완화시킬 방법이 없을까?

A 남성들 중에 식초 냄새를 싫어하는 분들이 많다. 그럴 때는 식초를 2~5배 정도로 희석하여 사용하면 어느 정도는 냄새가 누그러진다. 그리고 박하유나 에센스 오일을 몇 방울 떨어뜨려 향을 내주면 훨씬 사용하기가 수월해진다.

Q 식초는 꼭 유리병에 담아 보관해야 하나? 만약 다른 용기에 보관하면 변질될까?

A 에센스 오일 등 농도가 짙은 오일로 향을 첨가한 경우는 유리병 등 내유성이 높은 용기가 안전하다. 하지만 오일을 첨가하지 않았다면 일반 합성수지 용기도 상관없다.

Q 레몬이나 귤은 그대로 문지른 다음 씻어내면 되나?

A 레몬이나 귤을 반으로 자른 뒤, 과육 부분을 닦고자 하는 곳에 대고 누르듯 문지른다. 청소용으로 쓰기 위해 일부러 새것을 자를 필요 없이 홍차 마실 때 자르고 남은 것이나, 요리에 사용한 것을 이용해도 충분하다. 문지른 다음 그대로 두면 표면에 끈적임이 남게 되므로 마지막에 가볍게 물로 헹구어준다.

Q 구연산과 식초 중 어느 쪽이 더 탈취 효과가 뛰어난가?

A 구연산은 고양이용 모래에도 사용되고 있으며, 세균의 성장을 억제하는 효과와 탈취 효과가 있다. 또 담배 등의 알칼리성 냄새를 중화시켜주는 효능이 있다. 일반적으로 사람들은 식초 쪽이 탈취 효과가 더 뛰어나다고 생각한다. 그 이유는 식초 냄새가 구연산보다 강하여 순간적으로 악취가 완화된 듯한 착각을 불러일으키기 때문이다. 그에 비해 구연산에는 그런 강한 냄새가 없으며 효과 역시 서서히 나타나기 때문에 사람들은 상대적으로 효능이 약하다고 생각한다. 구연산 제조회사의 말에 의하면, 사용한 일회용 기저귀를 버릴 때 구연산 가루를 뿌려주면 쓰레기통에서 악취가 나지 않는다고 한다.

Q 비눗물을 만들 때 액체비누가 아닌 세탁용 가루비누를 사용해도 되나? 액체와 가루의 차이는 무엇인가? 그리고 액체비누를 세안용 비누로 사용해도 되나? 집에 선물로 받은 비누가 잔뜩 있는데, 그것을 청소용으로 써도 될까?

A 액체비누는 액체 상태를 유지하기 위해 약품을 사용하고, 세안용 비누에는 향료가 첨가되어 있다. 나는 비누의 본래 형태에 가장 가까운 것을 사용하고 싶어서 비눗물을 사용하고 있다. 편리한 것으로 치자면 액체비누 쪽이 낫지만, 피부에는 세안용 비누를 깎아서 만든 비눗물이 좋으리라 생각한다. 여러 가지로 시도해본 다음 자신에게 가장 적합하고 편안한 방법

을 선택하기 바란다. 그것이 오랫동안 꾸준히 실천할 수 있는 비결이다.

Q 세탁용 액체비누를 2배로 희석하여 사용하고 있는데 씻고 나면 기름때가 묻은 것처럼 끈적끈적해진다. 집 안에서 비누를 지나치게 많이 사용하는 것은 환경에 좋지 않을 것 같아 되도록 비누 사용량을 줄이고 싶다. 좋은 방법이 없을까?

A 액체비누를 지나치게 희석시키면 비누의 상태가 '산성'이 되어 세정력이 많이 떨어지게 된다. 그래서 씻고 난 뒤에 끈적거림이 남는 것이다. 그러므로 식품을 씻거나 청소할 때에는 지나치게 희석시키지 않도록 주의해야 한다. 액체비누의 경우 성분 표시에 농도가 표기되어 있다. 세탁용은 40% 정도, 부엌용은 20% 전후인 경우가 대부분이다. 액체비누는 표기된 기준 이상으로 과도하게 희석하지 않는 편이 좋다.

Q 부엌에서 비누를 계속 사용하면 녹이 슬지 않을까?

A 부엌의 싱크대는 주로 스테인리스로 되어 있으므로 스테인리스를 기준으로 설명하겠다. 천연유지를 주원료로 하는 제조업체 측에 물어본 결과 비누 제작 시 스테인리스로 된 용기를 사용하기 때문에 비누로 인해 스테인리스가 녹이 슬거나 하는 일은 없다고 한다. 단, 흠집이나 물, 온도, 산소, 시간 등의 조건이 갖춰지면 녹이 생길 수도 있다고 하니 주의가 필요하다.

Q 공업용 베이킹소다라는 것이 있던데 일반 베이킹소다와 다른 건가? 만약 사용하는 데 있어 별 차이가 없다면 저렴한 쪽이 낫지 않을까?

A 공업용이란 "먹을 수 없다"란 표시가 붙은 것과 마찬가지이다. 식용 가능한 의약품이나 식품용 베이킹소다는 성분이 확실하게 밝혀져 있으며, 포장하는 공장의 조건(온도, 습도, 위생문제 등)도 자세하게 기준이 정해져 있다. 그런 반면 "먹을 수 없다"는 표시가 붙어 있는 제품은 기본 제조방법은

같지만, 사소한 불순물에 대해서는 성분 분석을 하지 않을 뿐만 아니라 포장할 때도 식품처럼 엄격하게 관리하지 않는다. 다시 말해 기본적으로는 식품용이 아니라 해서 큰 차이가 있는 것은 아니다. 쉽게 굳고, 안 굳고는 공업용이냐, 아니면 식품용이냐의 문제라기보다 입자의 크기나 형태와 관계가 있다.

Q 베이킹소다로 인해 스테인리스 제품이 녹이 스는 경우는 없나?

A 스테인리스는 산과 알칼리에 강한 것이 특징이다. 스테인리스스틸협회의 설명에 의하면 스테인리스는 철에 크롬을 첨가한 것으로 표면에 얇은 보호막을 씌워 산소의 침입을 막아 녹이 잘 생기지 않도록 처리한 철강을 말한다. 표면에 있는 막은 100만분의 3㎜ 정도로 얇지만, 대단히 강해서 녹이나 더러움이 생기는 것을 막아준다. 막이 벗겨져도 주위에 산소가 있으면 금방 재생되어 녹을 예방해준다. 단, 염분에 약하고, 오염물질이나 얼룩 등으로 인해 피막이 장시간 산소와 접촉하지 못하게 되면 녹이 슨다. 베이킹소다는 염분을 포함하고 있지 않으므로 베이킹소다로 인해 스테인리스 제품이 녹이 생기는 일은 없다.

Q 유리 닦을 때 베이킹소다를 사용해도 괜찮은가? 흠집이 날 것 같아 좀 걱정이 되는데……

A 베이킹소다는 대부분의 오염물질보다 단단하고 플라스틱보다 부드럽기 때문에 플라스틱에 사용해도 흠집이 생기지 않는다.
그리고 유리는 플라스틱보다 강하기 때문에 베이킹소다로 인한 흠집을 걱정할 필요는 없다. 울퉁불퉁한 유리 제품을 깨끗이 닦고 싶을 때는 미지근한 물 2ℓ에 베이킹소다를 반 컵 정도 넣어 녹인 뒤에 그것을 유리에 뿌려놓았다가 잠시 후 물로 헹구어주면 된다.

더러움이 생기는 7가지 유형
우선 상태와 정도를 확인하자

한마디로 '때'라고 해도 거기에는 여러 종류가 있다. 기름때와 정전기로 인한 얼룩, 먼지 등 더러움의 상태, 생기는 장소, 굳은 정도가 제각각이어서 아주 다양하다. 산성이 주범인 기름때와 알칼리성인 물때의 대처 방법은 서로 다르다. '어머, 더러워라! 세제로 닦아내야지!'라고 생각하기 전에 '이 더러운 때는 어떤 성질일까?'를 먼저 생각하기 바란다. 더러워진 원인은 무엇이며, 얼마나 굳어 있는지, 때가 묻어 있는 부분은 어떤 소재인지를 확인하고, 적절한 대처방법을 고민해보자. 그러고 나서 더러움을 제거해도 결코 늦지 않는다.

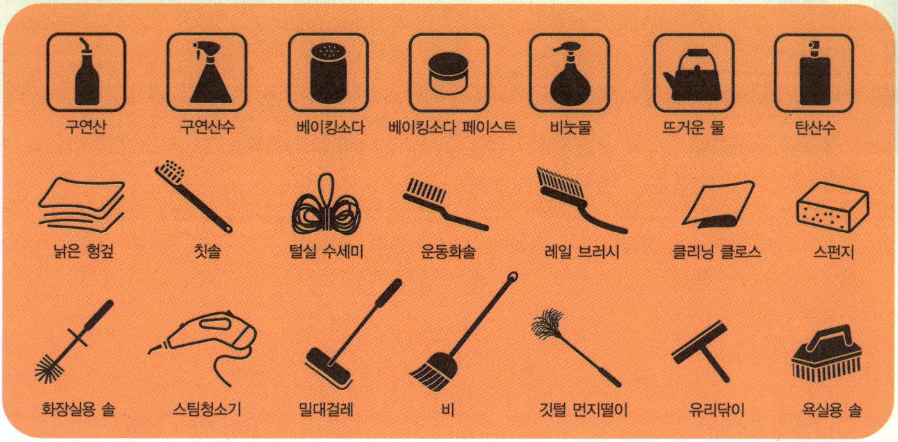

구연산　구연산수　베이킹소다　베이킹소다 페이스트　비눗물　뜨거운 물　탄산수

낡은 헝겊　칫솔　털실 수세미　운동화솔　레일 브러시　클리닝 클로스　스펀지

화장실용 솔　스팀청소기　밀대걸레　비　깃털 먼지떨이　유리닦이　욕실용 솔

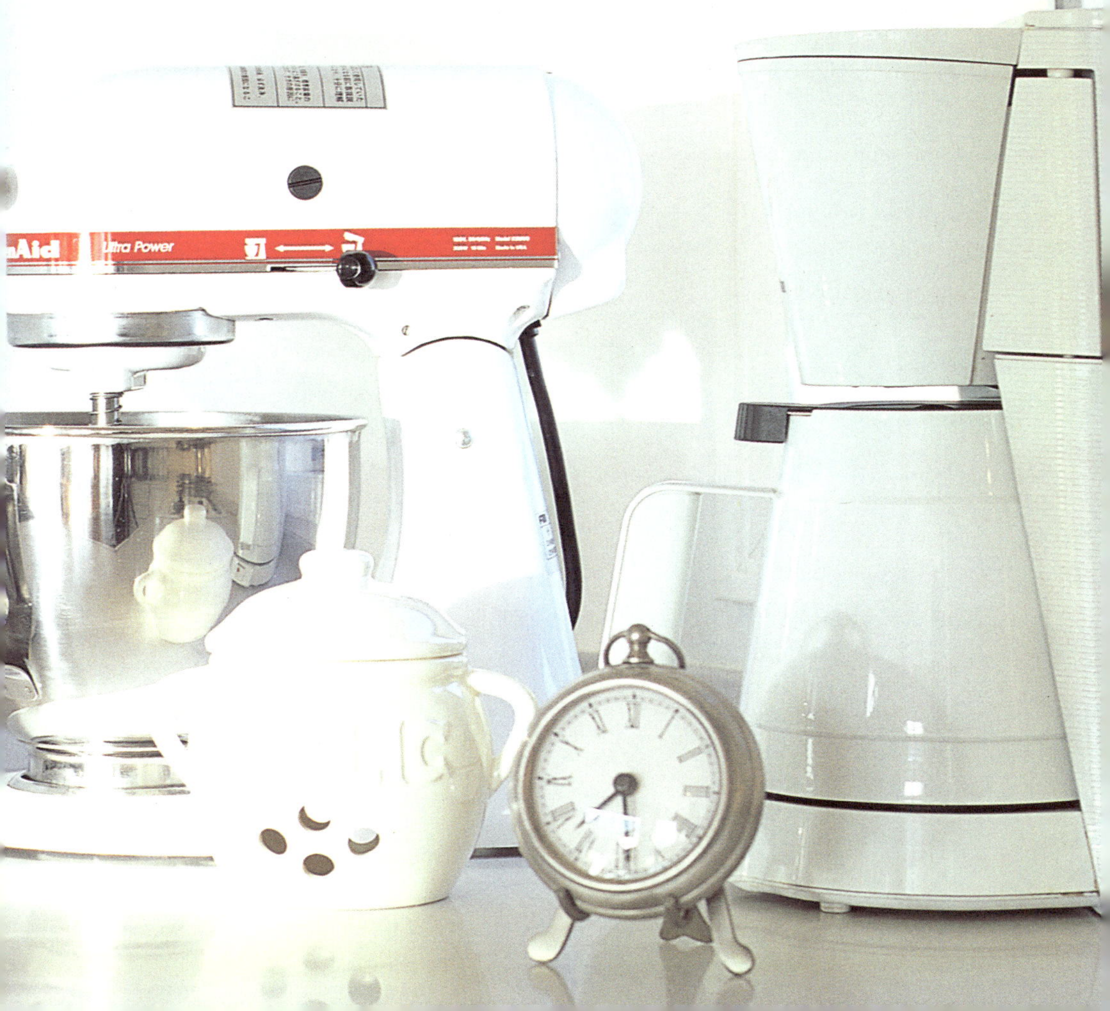

기름때 산성 Cleaning

기름때의 주범은 말 그대로 '기름'이다. 기름은 산성이기 때문에 기름때는
알칼리성인 베이킹소다와 비누로 중화시켜 제거한다.
우리는 기름이라 하면 흔히 부엌의 레인지후드 등에 끈적끈적하게 엉겨 붙는 것을 떠올리지만,
그것이 전부는 아니다. 손때는 체지방이라는 몸의 기름이 원인이고,
테이블 등의 얼룩도 얇게 쌓인 유막으로 인해 생긴 것이다.
이렇게 기름때도 그 원인이 제각각 다르다.

더러움이 가벼운 경우

손때 등의 더러움은 물걸레질만으로도 충
분히 깨끗해진다. 베이킹소다를 뿌리고, 더
러움을 닦아낸 다음 구연산수를 스프레이
로 뿌려주면 더욱 효과적이다.

더러움이 끈적해진 경우

기름때가 액상일 때는 그와 비슷하거나 조
금 많은 양의 베이킹소다를 그 위에 뿌리고
잘 섞어준다. 그리고 기름때가 굳어지면 이
것을 낡은 헝겊으로 닦아내든가, 혹은 주걱
으로 긁어낸다. 마지막에 구연산수를 뿌려
서 베이킹소다의 껄끄러움을 중화시켜준
다음 깨끗한 헝겊으로 닦아내면 말끔하게
마무리된다.

더러움이 굳어 있는 경우

레인지후드나 가스레인지 등에 기름이 굳
어버린 경우는 비눗물을 소량 뿌려준 뒤, 우
선은 기름때를 불리도록 한다.
거기에 베이킹소다를 뿌리고 아크릴 털실
로 만든 수세미(p49 참조)나 칫솔로 잘 문지른
다음 걸레로 닦아낸다. 마무리는 역시 구연
산수로 해준다.

물때·비누 찌꺼기 알칼리성 Cleaning

집 안에서 물을 많이 사용하는 욕실이나 부엌에 하얗게
붙어 있는 얼룩은 물때와 비누 찌꺼기이다.
이것은 수돗물에 들어 있는 칼슘 성분 등이 점차 쌓이면서 생긴 알칼리성 때이다.
오랜 시간에 걸쳐 생긴 묵은 때는 그만큼 시간을 들여서
조금씩 제거해가는 수밖에 다른 방법이 없다.
그래서 이때 등장하는 것이 알칼리성의 더러움을 중화시켜주는 구연산이다.

수도꼭지에 생긴 하얀 때

수도꼭지의 주요 더러움은 알칼리성인 물
때나 비누 찌꺼기이다. 정도가 가벼우면 구
연산수로, 하얀 얼룩이 심하게 들러붙어 있
다면 구연산 페이퍼(p22 참조)를 30분 이상
붙여두었다가 칫솔 등으로 문질러서 닦아
낸다. 수도꼭지의 대부분은 크롬으로 도금
한 것이므로 구연산을 묻힌 채 방치해두면
시간이 흐르면서 광택이 사라지는 경우가
있다. 마지막에 물로 헹구어내고 헝겊으로
닦아준다.

커피포트에 생긴 물때

커피포트에 표시되어 있는 용량을 확인한
뒤에 그 안에 뜨거운 물을 붓고, 커피포트에
부은 물의 3% 정도 되는 양의 구연산을 넣
는다. 구연산은 물에 잘 녹으므로 섞어 줄
필요는 없다.
뚜껑을 연 상태에서 1시간 정도 방지해두었
다가 스펀지 등으로 내부를 문질러 때를 제
거한다. 커피포트의 내부가 유리나 테플론
(열에 강한 합성수지－옮긴이)인 경우는 홈집이
나지 않도록 특별히 부드러운 스펀지를 사
용하도록 한다. 그리고 마지막에 2번 정도
깨끗한 온수로 잘 헹구어준다.

검은 곰팡이

검은 곰팡이는 타일 이음새나 세탁기 세탁조 등에 붙어 있는
미생물이 그 원인이다. 한번 생기면 좀처럼 제거되지 않는 귀찮은 녀석이므로,
부지런히 손질하여 사전에 미리 예방하는 것이 중요하다.

거무스름해진 타일 이음새

베이킹소다　운동화솔

타일 이음새의 재료는 알칼리성이다. 알칼
리성 틈새에는 곰팡이가 잘 생기지 않지만,
중성이 되면 곰팡이가 피기 시작한다. 한
번 곰팡이가 생기면 완전히 제거하는 것은
불가능하다. 단, 베이킹소다를 직접 뿌리
고 박박 문질러주면 거무스름한 색은 흐려
진다. 평소에 알칼리성 베이킹소다로 부지
런히 닦아주면 검은 곰팡이를 예방할 수
있다.

세탁조에 생긴 검은 곰팡이

뜨거운 물　구연산

비누 찌꺼기나 물때에 붙은 미생물로 인해
세탁조에 검은 곰팡이가 생겼다면, 이때는
뜨거운 물이 큰 도움이 된다.
세탁기 근처에 샤워기나 온수가 나오는 수
도꼭지가 있으면 50도 정도의 온수를 세탁
조에 채운다. 그리고 약 10분간 세탁기를 돌
린 뒤에 물을 빼서 버린다. 필요에 따라 이
것을 몇 번이고 반복해주도록 한다.
뜨거운 물이 가까이 없을 때는 세탁조에 수
돗물을 가득 채우고 구연산 2컵 반 분량을
넣는다. 그리고 몇 차례 세탁기를 돌린 다음
물을 버린다. 더러운 정도에 따라 이 방법을
몇 번 더 반복해준다.

찻잔의 물때

찻잔에 얼룩진 물때나 가격표 등의 스티커로 인한 접착성 얼룩은 베이킹소다의 연마력을 이용하여 제거한다. 베이킹소다의 입자는 플라스틱보다 부드럽고 대부분의 때보다는 단단하기 때문에 표면에 흠집을 만들지 않고 훌륭하게 더러움을 제거할 수 있다.

더러움이 가벼운 경우

베이킹소다 페이스트를 직접 바르고 소재에 따라 스펀지와 칫솔, 손가락 등으로 문지른 다음 마지막에 구연산수를 분사해주는 것으로 마무리한다.

끈적끈적한 기름때

비눗물을 몇 방울 떨어뜨린 뒤 굳은 기름때가 부드러워지면 스펀지나 칫솔에 베이킹소다 페이스트를 묻혀 문질러준다. 얼룩이 제거되면 마지막에 구연산수를 뿌려서 마무리한다.

정전기

가전제품 등 합성수지의 표면에 생기는 검은 얼룩은 정전기가 주요 원인이다. 이럴 때는 구연산수를 분사한 뒤에 얼룩을 걸레로 닦아낸다. 전기밥솥이나 냉장고, 전자레인지 표면의 얼룩이나 거무스름해진 스위치도 이렇게 청소해주면 깨끗하고 말끔해진다. 가전제품은 감전의 우려가 있으므로 청소하기 전에 반드시 스위치를 내리는 것을 잊지 말도록 하자.

끈적끈적한 기름때

대부분 부엌에 있는 가전제품의 더러움은 기름때와 정전기가 만나서 생긴다. 스펀지에 베이킹소다 페이스트를 묻혀 문질러주면 더러움이 제거된다. 마무리는 구연산수를 스프레이로 분사한 뒤에 클리닝 클로스(p48 참조)로 한 번 닦아준다.

먼지

선반이나 전등 갓, 창틀 등에 소리 없이 쌓이는 먼지는 부지런히 먼지떨이로 털어내는 것이 가장 효과적인 방법이다. 먼지는 반드시 높은 곳에서 낮은 곳으로 털어주어야 한다. 그러면 두 번 손 가는 일 없이 빗질과 걸레질을 한 번씩만 해주면 된다. 먼지를 제거했으면 구연산수를 뿌리고 준비해둔 낡은 헝겊으로 닦아준다.

끈적끈적한 더러움

이런 경우는 먼지에 기름이 달라붙었을 가능성이 크다. 우선 먼지떨이로 쌓인 먼지를 털어준다. 그러고 나서 소량의 비눗물과 베이킹소다를 묻힌 헝겊으로 더러움을 두드리듯이 닦아낸다. 마지막으로 깨끗한 헝겊에 구연산수를 분사하여 중화시킨다.

냄새

불쾌한 냄새 역시 더러움의 일종이다. 더러움과 마찬가지로 냄새에도 두 종류가 있다. 부패한 냄새가 강한 것은 산성이고, 비린 냄새가 강한 것은 알칼리성이다. 이런 악취를 제거할 때도 역시 중화시켜주는 것이 그 비결이다

냄새가 산성인 경우

부패한 냄새는 거의 산성이므로 베이킹소다로 중화시켜준다. 음식물 쓰레기를 담는 쓰레기통 바닥에 베이킹소다를 뿌려놓으면 냄새를 흡수해준다.

냄새가 알칼리성인 경우

담배 진과 생선 비린내는 알칼리성이므로 구연산수를 뿌려서 중화시켜준다.

세균 냄새

잡균의 번식으로 인해 발생하는 악취에는 구연산이 효과적이다. O-157이 유행했을 당시 식초로 소독하는 것이 예방에 도움이 된다는 말이 있었다. 그러나 식초뿐만 아니라 구연산도 세균 억제에 뛰어난 효능을 갖고 있다.

(더러움은 산성? 아니면 알칼리성?)

산성인 더러움

기름때

버터 등의 유지식품

맥주·정종 등

손때

목욕 뒤에 남는 찌꺼기

음식물 쓰레기의 악취

부패하는 냄새

구토물

베이킹소다·비누로 청소

알칼리성 더러움

비누 찌꺼기

소변

전기포트 내부에 생긴 얼룩

물때

생선 비린내

담배 냄새

담배의 진

냄비에 야채를 우리고 생긴 검은 얼룩

구연산으로 청소

기능이 뛰어난 도구

이것만 있으면

청소가 더욱 즐거워진다

베이킹소다, 구연산, 그리고 비눗물은 소모품이기 때문에 싸고 그 나름대로 효과가 있으면 그것으로 충분하다. 하지만 청소 도구는 다르다. 어쨌든 한번 구입하면 몇 년간 거의 매일 그것들의 도움을 받아야 하기 때문이다. 사용하는 데 있어 편리함은 물론 색상, 모양, 내구성 등 꼼꼼히 따져보고 검토한 뒤에 다소 가격이 비싸더라도 마음에 드는 것을 구입하는 것이 바람직하다.

이것이 없으면 청소를 시작할 수 없다!

 ## 스프레이

스프레이를 이용하면 구연산을 물에 녹인 구연산수를 집 안 구석구석까지 뿌릴 수 있다. 바닥에 걸레질을 할 때도 한 손에는 스프레이, 한 손에는 걸레의 밀대를 잡고 스프레이로 구연산수를 뿌리면서 밀대를 밀어주면 바닥을 기어다니며 걸레질할 필요가 없다. 그리고 젖은 걸레의 퀴퀴한 냄새로부터도 해방된다.

분사할 때 물방울이 튀거나 스프레이가 넘어졌을 때 물이 흘러나오는 것은 실격이다. 좀 가격이 비싸더라도 스프레이 손잡이 부분이 몸체와 꼭 맞게 잠기는 것을 선택하도록 한다. 최근에는 원예용으로 디자인이 예쁜 제품들도 많이 나와 있다.

일단 부담 없이 써보기에는 슈퍼, 대형 마트 등에서 팔고 있는 손잡이가 달린 스프레이 헤드를 추천한다.

가루용 용기

유감스럽지만 시판되고 있는 베이킹소다와 구연산 용기는 입구가 커서 청소 작업에 사용하기 부적합하다. 구멍이 촘촘한 용기에 담아 사용하면 한결 작업이 순조로워질 것이다. 구두쇠 기질이 있는 나는 뚜껑에 구멍을 몇 개 뚫어서 직접 용기를 만들어보았지만, 구멍이 막혀서 사용하기가 불편했다. 그런데 얼마 후 깨를 담는 양념통에 넣어 사용해봤더니 정말 편리했다. 도구가 중요하다는 사실을 실감한 것은 바로 이때였다.

요즈음은 미국의 유명한 생활용품기업인 '암앤해머(ARM&HAMMER)'의 전용 용기에 담긴 베이킹소다(내추럴쉐이커)를 국내에서도 쉽게 구입할 수 있기 때문에, 이것을 부엌과 욕실에 두고 사용하고 있다.

먼지떨이·비  *Natural Cleaning*

기능과 겉모양 하나에도 세심하게 신경 쓰자!

손잡이가 긴 비

매일 청소할 때 하나쯤 있으면 편리한 것이 비이다. 요즈음 유행하는 가로로 긴 마루용 비는 솔 끝에 엉키는 머리카락이나 먼지를 일일이 떼줘야 하는 수고가 필요하다. 그래서 보기 좋은 겉모양에 비해 실용적인 면에서는 좀 뒤떨어지는 것 같다. 그런 점에서 볼 때 예부터 사용해오던 손잡이가 긴 비는 그런 뒤처리를 해주지 않아도 되고, 계단 모서리의 먼지까지 깨끗이 쓸어 담을 수 있어서 매우 편리하다. 허리를 구부릴 필요도 없고, 소파나 테이블을 옆으로 밀어놓지 않고도 그 밑을 청소할 수 있는 정말 중요한 청소 도구이다. 청소기를 사용하기 전에 비로 한번 쓸어주면 청소기와 힘들게 씨름할 필요 없이 가볍게 한번 돌려주기만 하면 된다.

테이블용 작은 비

천연소재로 된 테이블용 비와 작은 쓰레받기는 테이블이나 선반, 조리대 등을 청소할 때 유용하다.

깃털 먼지떨이

걸레질을 하기 전에 미리 먼지를 털어놓지 '않으면, 나중에는 청소를 하고 있는 것인지, 아니면 먼지를 여기저기 묻히고 다니는 것인지 알 수 없는 한심한 상황이 벌어지고 만다. 먼지떨이로 먼지를 터는 일은 그렇게 큰 수고를 필요로 하는 일이 아님에도, 그 수고를 아끼려다 그만 몇 번이나 때늦은 후회를 했는지 모른다.

외국의 내추럴 클리닝 관련 책을 읽다 보면 몇 번의 손동작으로 먼지를 말끔하게 털어주는 멋진 깃털 먼지떨이를 자주 본다. 내가 직접 여기저기 찾아다닌 끝에 겨우 손에 넣게 된 깃털 먼지떨이는 가볍고 먼지도 깨끗이 털어주는 청소 필수 아이템이다. 깃털 먼지떨이는 자동차용품 판매점에 다양하게 구비되어 있다.

솔 

문질러 더러움을 제거할 때 그 힘을 발휘한다!

 칫솔

헌 칫솔은 세밀한 곳을 문지를 때 편리하다. 하지만 가장 좋은 것은 끝이 올곧게 서 있는 새 칫솔이다. 그렇다고 해서 청소용으로 쓰기 위해 새것을 일부러 사는 것은 낭비이므로, 나는 여행이나 출장을 갈 때 숙소에 구비되어 있는 칫솔을 가져와 청소용으로 활용한다.

 운동화솔

내가 애용하고 있는 제품은 솔 부분이 가늘고 긴 것이다. 솔이 비어져 나오는 일 없이 욕실 이음새에 딱 들어맞기 때문에 아주 쓸모가 있다. 요즈음은 어디서나 쉽게 좋은 제품들을 판매하고 있다.

 레일 브러시

솔 부분이 V자형으로 뾰족해서 좁은 곳을 청소할 때 편리하다. 손가락에 힘을 주고 북북 문질러도 칫솔처럼 솔이 주저앉지 않는다. 단, 그만큼 뻣뻣하므로 플라스틱과 같이 홈집이 나기 쉬운 소재에 사용할 때는 주의가 필요하다.

 화장실용 솔

스펀지는 물기가 잘 빠지지 않고 비위생적이다. 몸체 끝에 둥근 솔이 붙은 제품이 청소하기 쉽고 물기도 잘 빠지며 사용하기에도 편하다.

 욕실용 솔

욕실 바닥 전체를 닦으려면 솔의 면적이 넓은 것이 좋다. 바닥이 합성수지인 경우 뻣뻣한 솔을 사용하면 홈집이 생길 수 있으므로 부드러운 솔을 선택하도록 한다.

밀대걸레·스펀지 *Natural Cleaning*

한번 사용하기 시작하면 그 편리함에 반하지 않을 수 없다

 밀대걸레

"걸레질은 운동량이 많아서 다이어트에 아주 좋다."는 말을 텔레비전에서 들은 적이 있다. 그러나 청소를 시작하기 전부터 두 무릎을 꿇고 쭈그려 앉아서 온 집 안을 걸레로 닦고 다녀야 한다고 생각하면 기운이 다 빠진다. 하지만 맨발로 지내는 시간이 많은 여름철에 물걸레질한 바닥을 밟을 때 느껴지는 개운함이란 이루 말할 수 없다.

이때 밀대걸레를 사용하면 그 개운함을 포기할 필요가 없다. 나는 왼손에 밀대걸레를, 오른손에는 구연산수가 든 스프레이를 들고 가벼운 마음으로 걸레질을 한다. 그리고 두꺼운 걸레는 밀대에서 빠질 수 있으므로 낡은 티셔츠를 밀대의 고정틀보다 한 단계 크게 잘라서 챙겨두었다가 이용하고 있다.

 유리닦이

물방울을 순식간에 아래로 털어내주는 아주 편리한 청소 도구가 일명 '스퀴지'라 불리는 유리닦이이다. 창문을 닦을 때 대단히 도움이 되는 도구이다. 겨울철 창문에 서려 있는 김을 닦아내거나, 욕실 표면에 맺힌 물방울을 털어낼 때에도 아주 좋다. 욕실에서 나오기 전에 이것으로 벽면을 한 번 닦아주기만 해도 곰팡이 발생률이 눈에 띄게 낮아진다고 한다. 사용법은 위에서 아래로 닦아주는 것이 중요하다.

 스펀지

스펀지 윗부분에 초록색의 나일론 수세미가 붙은 것은 표면을 닦을 때는 유용하지만, 플라스틱이나 스테인리스에 흠집을 낼 수 있다. 스펀지는 결이 거칠고 물이 잘 빠지는 것을 고르는 것이 좋다.

심하게 더러운 곳을 닦은 스펀지를 그대로 가져가 다른 곳을 닦으면 그 더러움을 옮기는 꼴이 되고 만다. 그럴 때 나는 아크릴 털실로 만든 수세미(49p 참조)와 낡은 헝겊을 사용한 뒤에 청소가 끝나면 버린다.

걸레 

온 집 안을 깨끗하게 닦는다

낡은 헝겊

헌 천조각을 많이 준비해두면 청소할 때 매우 유용하다. 흡수가 잘되고 올이 잘 풀리지 않는다는 점에서 티셔츠 등의 면이 좋다. 체육복이나 울 제품은 흡수성이 좋지 않고 올이 잘 풀리기 때문에 청소에 적합하지 않다.

청소할 때는 더러움을 닦아낼 헝겊과 마무리용으로 사용할 헝겊 2장을 준비하도록 한다. 그러면 더러워진 헝겊으로 마무리를 해서 오히려 주위가 더 더러워지는 것을 막을 수 있다. 나는 소매와 목 테두리 등을 자른 작은 천과 몸통 부분의 큰 천을 각각 다른 상자에 보관한다. 그리고 작은 것은 간단한 청소에 이용하고, 큰 것은 밀대에 끼워 사용하거나 심하게 더러운 곳을 닦을 때 사용한다.

클리닝 클로스 

청소 도구 중 있는 것과 없는 것의 차이가 가장 큰 것이 바로 이 제품이다. 가전제품의 반들반들한 표면이나 거울, 유리를 닦을 때 안경닦이 천과 비슷한 클리닝 클로스를 이용하면 편리하다. 안경닦이보다 두툼하고 견고해서 사용감이 더욱 좋다. 정전기뿐만 아니라 손때나 CD에 난 얼룩도 깨끗이 닦아준다. 이런 용도 외에도 식기세척에 애용하는 친구도 있다.

보통 잘 지워지지 않는 얼룩이라 해도 클리닝 클로스를 사용하면 잘 닦이는 이유는 그 천이 초극세사이기 때문이다. 클리닝 클로스 제조업자의 말에 따르면 "초극세사는 실의 두께가 일반 면섬유의 10분의 1에서 100분의 1이어서 일반 섬유가 얼룩의 표면에 한 번 부딪힐 때 초극세사는 몇십 회 부딪히기 때문에 그만큼 오염제거 능력이 뛰어나다."고 한다.

실의 두께가 얇으면 얇을수록 유막(油膜, 기름으로 된 얇은 막) 아래로 깊숙이 들어가 오염물질을 긁어내는 효과가 커진다. 그렇게 얇은 초극세사를 고밀도로 배열함으로써 가령 한 올의 섬유가 더러움을 완벽하게 제거하지 못해도 연이어 다른 섬유가 유막을 닦아준다고 한다. 클리닝 클로스는 유리나 거울을 두 번 닦을 필요 없이 한 번에 깨끗이 닦을 수 있다는 장점이 있다.

스팀청소기

스타는 마지막에 등장한다! 비장의 아이템

스팀청소기

섣부른 세제보다 증기의 힘이 더러움을 훨씬 깨끗하게 제거해준다. 그것을 실감나게 해주는 것이 바로 스팀청소기이다. 스팀청소기는 증기를 분출할 뿐이지 먼지나 때 등을 빨아들이지는 않는다. 분출되는 증기의 강한 힘으로 더러움을 떼어내기 때문에 그것을 닦아내는 작업이 필요하다. 이 때문에 상당히 귀찮게 여겨질 수도 있지만 전혀 그렇지 않다. 오히려 포기하고 있던 얼룩이 하나둘 제거되는 것이 신기하고 재미있어서 스팀청소기에 반해버린 사람이 내 주변에 꽤 있다.

오래되어 털이 주저앉은 카펫도 증기를 쏘여주면 다림질을 한 것처럼 털이 반듯하게 선다.

시간을 들여 여러 가지로 시도했지만 끝내 제거되지 않았던 얼룩도 스팀청소기를 사용하자 제거되었다. 단, 플라스틱과 같은 합성수지는 고온에서 변질될 우려가 있으므로 내열온도를 확인하고 사용하기 바란다. 그리고 목재류도 지나치게 사용하면 건조될 수 있으므로 마지막에 올리브오일을 발라준다.

아크릴 털실로 만든 수세미 

일러스트레이터이며 가사에도 정통한 친구인 모모세 이즈미 씨가 가르쳐준 매우 유용한 청소 도구이다. 사용하기도 편하며 만드는 법 역시 매우 간단하다. 엄지손가락을 제외한 나머지 네 손가락을 모으고 25회 정도 그 주위에 실을 감은 뒤, 가운데를 묶어주면 그것으로 완성. 묶는 끈을 조금 여유 있게 남겨두면 걸이 등에 걸 수 있어서 편리하다. 나는 주로 텔레비전을 보면서 만든다.

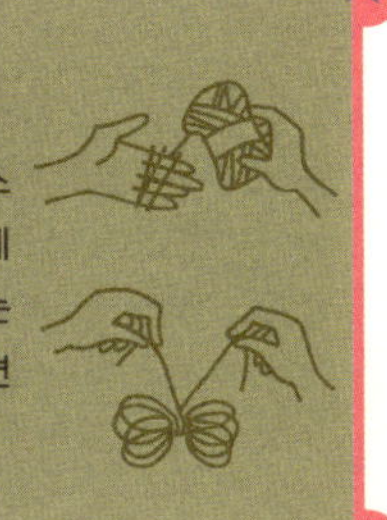

청 소 대 상 의 소 재 를
확 실 하 게 체 크 한 다!
청 소 중 에
흠 집 이 나 지 않 도 록 주 의 한 다

집 안이 깨끗해진 반면 실내 여기저기에 흠집이 생기

는 일이 없도록 주의하기 바란다. 흠집이 나기 쉬운 소

재, 물에 약한 소재, 구연산이나 식초와 같은 산성에

약한 소재, 열을 가하면 안 되는 소재 등이 있다. 각각

의 소재에 어떻게 대처하면 좋을지 기본적인 방법을 알

아두면 평소 관리할 때 부담이 없으며, 얼룩이 지거나

광택이 사라지는 실수도 어느 정도는 예방할 수 있다.

합성수지

항상 조심스럽게 닦는 것이 요령이다

흠집이 생기기 쉬운 소재의 대표적인 예가 플라스틱 등의 합성수지이다. 정전기로 인해 검은 얼룩이 생기고, 안에 냄새가 차기 쉬울 뿐만 아니라, 흠집이 생기면 그 부분에 때가 끼게 되어 제거하기 어렵기 때문에 주의가 필요하다. 수세미나 칫솔로 힘껏 문지르는 것은 금물이다.

♣더러움이 가벼운 경우

정전기 등으로 인해 생긴 얼룩은 구연산 스프레이와 클리닝 클로스로 닦으면 간단히 해결된다. 가벼운 손때는 베이킹소다와 털실 수세미로 제거한 다음 구연산수로 마무리해준다.

♣더러움이 심한 경우

단단히 들러붙은 얼룩은 스펀지에 베이킹소다 페이스트를 묻혀 문질러준다. 기름때인 경우는 먼저 비눗물을 소량 뿌려준 뒤에 베이킹소다 페이스트를 사용한다.

♣냄새

구연산수를 스프레이로 뿌리면 악취가 제거된다.

스테인리스

의외로 흠집이 나기 쉬우므로 주의하자

스테인리스도 흠집이 생기기 쉬우므로 뻣뻣한 것으로 문지르는 행동은 피하는 것이 좋다. 물때, 비누 찌꺼기로 인한 흐릿한 얼룩은 구연산수의 농도를 조절하여 닦아준다.

♣더러움이 가벼운 경우

원인을 알 수 없는 얼룩이 흐릿하게 생겼을 때는 구연산수를 스프레이로 뿌려준 뒤 클리닝 클로스로 부드럽게 닦아준다.

♣더러움이 심한 경우

단단히 들러붙은 비누 찌꺼기 등의 하얀 때가 생긴 경우, 구연산 페이퍼(p22 참조)를 30분 정도 붙여두는 방법을 권하고 싶다. 좀처럼 제거되지 않는 때도 조금씩 녹여준다. 그리고 기름때나 타서 눌어붙은 얼룩에는 베이킹소다를 뿌리고 스펀지나 칫솔로 문지른 다음, 구연산수를 뿌려주는 것으로 마무리한다.

크롬도금

중성 상태로 언제나 반짝이는 광택을 유지시킨다

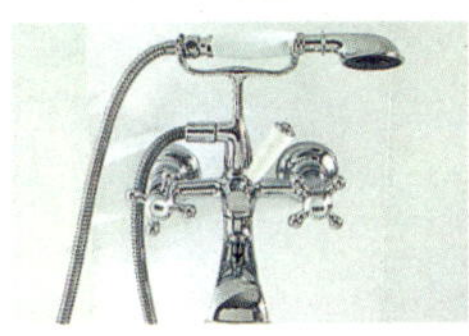

금속제로 된 수도꼭지의 대부분은 크롬으로 도금 처리되어 있다. 산성이나 알칼리성의 물질을 바른 다음 그대로 방치하면 도금의 광택이 사라져버릴 수 있으므로 항상 중성으로 유지시키는 것이 중요하다.

♣더러움이 가벼운 경우

물이 마른 흔적 등은 구연산수를 뿌려주고 준비해놓은 낡은 헝겊으로 닦아준다. 헝겊으로 닦기 어려운 부분은 칫솔이나 면봉을 활용하자. 마무리로 클리닝 클로스로 닦아주면 광택도 나고 빠진 곳 없이 골고루 청소할 수 있다.

♣더러움이 심한 경우

단단히 들러붙은 하얀 때에는 구연산 페이퍼를 30분 정도 붙여둔다. 그런 뒤에 칫솔로 문지르고 물로 헹군 다음 클리닝 클로스로 닦아준다.

물곰팡이가 생겼다면 가볍게 물기 있는 칫솔에 베이킹소다를 묻혀 문지른 다음 구연산수를 뿌리고 헝겊으로 닦아준다.

목재

표면의 부식과 습기에 주의한다

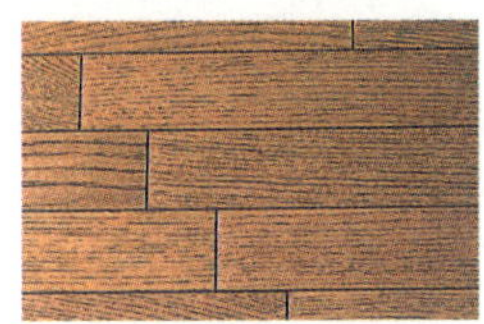

목재 가구나 바닥은 평소에 부지런히 닦아주는 것이 가장 좋다. 요즈음 가구나 마루 등은 대개 도장가공되어 있기 때문에 왁스를 지나치게 칠하면 오히려 먼지가 달라붙게 된다. 목재는 습기를 싫어하므로 수분을 확실하게 닦아주도록 한다.

♣더러움이 가벼운 경우

먼지와 같은 가벼운 더러움은 먼지떨이나 비로 털어낸다. 그리고 그 위에 구연산수를 스프레이로 뿌리고 걸레로 닦아준다.

♣더러움이 심한 경우

스티커가 달라붙어 있거나 크레파스 낙서 등과 같이 가볍게 닦는 것만으로는 제거할 수 없는 얼룩은 베이킹소다 페이스트를 묻힌 스펀지로 문질러준다. 그렇게 해도 지워지지 않는 경우에는 비눗물을 몇 방울 떨어뜨린 다음 문질러준다. 얼룩을 제거한 뒤에는 구연산수를 뿌려주고 헝겊으로 수분을 완전히 제거해준다.

타일

대단히 튼튼한 소재

고온에서 구워진 타일은 매우 단단하고 튼튼하다. 타일의 얼룩은 스펀지나 솔로 문질러서 제거해준다.

♣더러움이 가벼운 경우

베이킹소다와 스펀지로 제거해준다. 이런 경우 문지르는 힘으로 얼룩을 제거하는 것이므로 연마력을 높이기 위해 베이킹소다를 그대로 스펀지에 묻혀서 작업하는 편이 효과적이다.

♣더러움이 심한 경우

타일 표면에 달라붙은 때는 스팀청소기를 이용하면 매우 효과적으로 제거할 수 있다. 타일은 기본적으로 고온을 가했다고 해서 품질이 손상되지 않지만, 바로 앞에서 이음새에 강한 스팀을 분사하면 손상될 우려가 있으니 주의하기 바란다.
스팀청소기를 사용하지 않는 경우에는 비눗물과 베이킹소다를 뿌린 다음 수세미나 욕실용 솔로 문지르고 물로 헹구어준다.

이음새

알칼리성으로 곰팡이를 방지한다

타일과 타일 이음새의 가장 큰 적은 곰팡이이다. 한번 곰팡이가 생겨 뿌리를 내리면 아무리 깨끗하게 청소를 해도 금방 다시 생긴다.

♣더러움이 가벼운 경우

이음새의 소재를 알칼리성으로 선택하면 곰팡이가 생기지 않는다. 그러므로 알칼리성인 베이킹소다와 운동화솔로 부지런히 청소하여 곰팡이 발생을 예방하는 것이 중요하다.

♣더러움이 심한 경우

스팀청소기를 지나치게 빈번히 사용하면 타일이 손상될 우려가 있다. 한번 뿌리내린 검은 곰팡이를 제거하는 방법에는 베이킹소다로 표면을 청소해주는 것밖에 다른 방법이 없다. 무엇보다 예방이 가장 중요하다. 따뜻하면 곰팡이가 더욱 생기기 쉬우므로 타일 청소를 한 뒤에는 온수가 아닌 냉수로 헹구어주도록 한다.

유리·거울

부지런한 관리가 해결책이다

탄산수의 힘을 빌려 유리와 거울을 반짝반짝하게 마무리해준다.

♣더러움이 가벼운 경우
탄산수를 스프레이 병에 담아 더러워진 부분에 뿌린 뒤에, 위에서 아래 방향으로 클리닝 클로스로 닦아준다. 더러움의 정도에 따라 다르지만, 대부분의 경우 클리닝 클로스를 사용하면 두 번 닦을 필요가 없다.

♣더러움이 심한 경우
비바람과 먼지로 더러워진 유리창에는 유리닦이가 제격이다. 탄산수를 뿌려주면서 위에서 아래 방향으로 먼지를 닦아준다. 멈췄다가 중간에 다시 청소를 시작할 때는 고무에 붙은 더러움을 먼저 헝겊으로 제거해주면 더러움을 주변에 묻히는 일 없이 닦을 수 있다. 이렇게만 해도 유리창은 충분히 깨끗해지지만, 끝으로 다시 한 번 탄산수를 뿌리고 클리닝 클로스로 닦아주면 완벽한 마무리가 된다.

종이·헝겊

물에 약하다는 점이 청소의 큰 걸림돌이다

헝겊이나 종이가 소재인 물건은 비누와 스펀지로 문질러 닦을 수 없다는 것이 어려운 점이다. 그래서 청소 시기를 놓치지 않는 것이 중요하다.

♣더러움이 가벼운 경우
무엇보다 물에 약하기 때문에 깃털 먼지떨이로 먼지를 털어낸다. 부지런히 먼지떨이로 털어주는 것이 가장 현명한 관리법이다.

♣더러움이 심한 경우
그렇게 관리했음에도 어느 날 보니 먼지가 소복이 쌓여 있고, 거기에 기름때까지 엉겨서 끈적끈적한 상태가 되어 있는 상황. 누구도 이런 곤란한 상황에 처해지지 않을 것이라고 장담할 수 없다. 소재가 헝겊이라면 먼저 비눗물을 몇 방울 떨어뜨려 때를 불려준다. 그리고 베이킹소다 페이스트를 낡은 헝겊에 묻혀 탁탁 두드리듯이 때를 제거해준다. 마지막에 구연산수를 뿌린 헝겊으로 닦아준다.

Chapter 2

내추럴 클리닝
실천편

내추럴 클리닝의 기본을 이해했다면,

드디어 청소 시작이다.

도구를 처음부터

모두 구비할 필요는 없다.

청소를 하면서 하나둘씩

본인에게 맞는 도구를 갖추고,

자신만의 독창적인 청소법을 만들자.

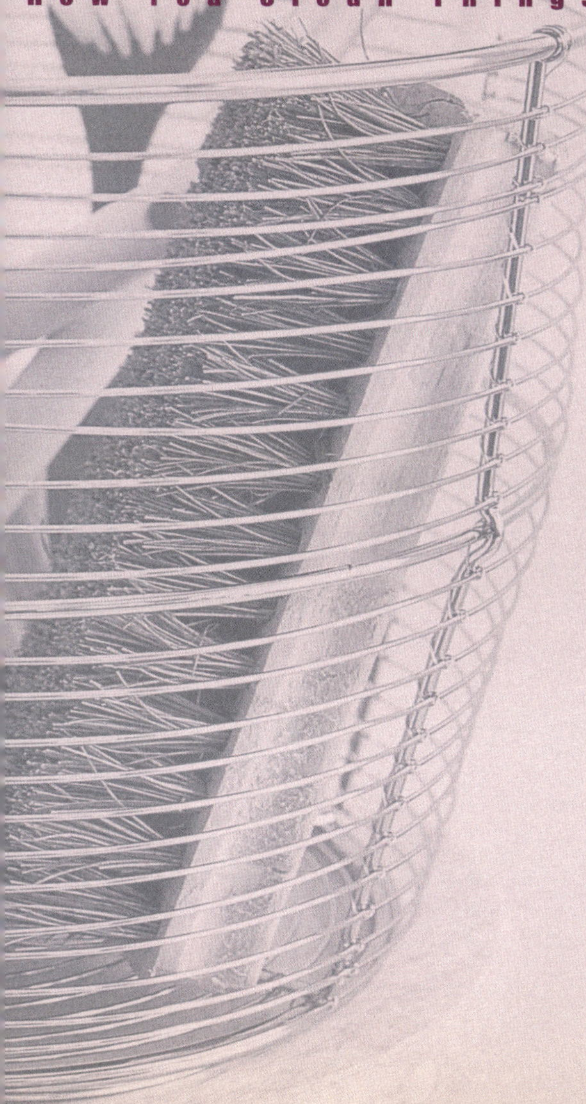

부엌을 깨끗하게 만들기

부엌의 조리대는 스테인리스인가요?

아니면 인조대리석인가요?

밥솥, 믹서, 냉장고……

어떤 가전제품이 늘어져 있나요?

하루가 다르게 발전하는 부엌은 다양한 소재로 이루어져 있다.

기름때는 벗겼지만 그 자리에 흠집이 생긴다거나,

청소를 한다는 것이 오히려 주변을 더럽히는 일이 되지 않도록 주의해야 한다.

기분 좋은 부엌을 만들고 싶다면

앞으로 소개할 간단한 청소법을 꼭 알아두기 바란다.

가스레인지·오븐 등 Kitchen

가스레인지, 오븐, 생선구이 그릴 등에 생기는 얼룩은 대부분 기름때이다.
기름때는 산성이므로 베이킹소다로 중화시킨 뒤, 구연산수로 헹구어 마무리한다.
받침대도, 레인지 문의 유리도 똑같은 방법으로 청소한다.
스테인리스, 플라스틱, 법랑 등 소재는 다양하지만,
아크릴 털실 수세미와 낡은 헝겊을 사용하면 흠집 걱정은 할 필요가 없다.

평소 관리법

❶ 얼룩을 완전히 덮을 정도로 베이킹소다를 뿌려준다.

❷ 베이킹소다가 기름을 흡수하면 털실 수세미로 얼룩을 문지른다.

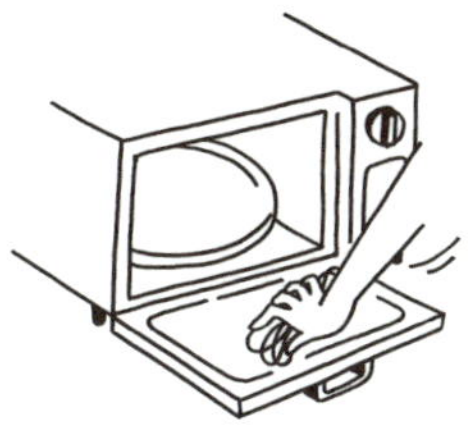

❸ 낡은 헝겊으로 떨어진 얼룩을 닦아낸다.

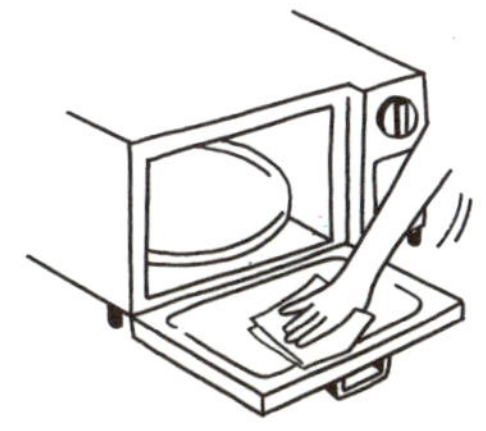

❹ 끝으로 구연산수를 스프레이로 뿌린 다음, 깨끗한 헝겊으로 닦아준다.

얼룩이 굳은 경우

❶ 소량의 비눗물을 뿌리고 30분 정도 기다리면, 얼룩이 불어서 부드러워진다.

❷ 불어서 부드러워진 얼룩에 골고루 베이킹소다를 뿌린다.

❸ 털실 수세미로 가볍게 문질러 더러움을
제거한다.

④ 헝겊으로 얼룩을 닦아낸다.

⑤ 구연산수를 뿌리고 깨끗한 헝겊으로 닦
아서 마무리한다.

법랑 부분의 얼룩

법랑 가공된 받침은 거친 수세미 등으로 함
부로 문지르면 홈집이 나므로 주의가 필요
하다.

청소하기 까다로운 부분의 얼룩

받침대의 구석이나 모서리 등 닦기 곤란한
부분이나 힘껏 문지르고 싶은 부분은 칫솔
을 사용하면 좋다.

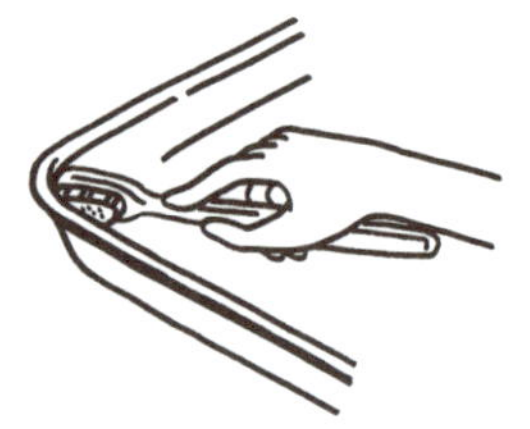

생선구이 그릴의 받침대

받침접시에 물을 넣는 대신에 바닥이
안 보일 정도로 베이킹소다를 뿌려둔
다. 그러면 생선에서 스며 나온 기름이
베이킹소다에 흡수되어 나중에 청소
하기가 무척 편하다.

환기장치의 날개·레인지후드

프로펠러 방식의 환기장치에 달린 날개나, 시스템키친에 설치되어 있는
레인지후드의 얼룩은 주로 기름과 그 위에 달라붙은 먼지이다.
이것은 비눗물과 베이킹소다로 청소하면 된다.
바깥 틀이나 프로펠러 등 분리되는 부분은 분리시킨 다음에 청소하도록 한다.

평소 관리법

❶ 안전을 위해 작업시작 전에 전원을 끈다.

❷ 커버나 날개, 필터 등 분리 가능한 것은
분리시켜서 싱크대에 옮겨놓는다.

❸ 비눗물을 소량 뿌리고 때가 불기를 기다
린다.

❹ 그 위에 베이킹소다를 뿌린다.

❺ 털실 수세미로 때를 문질러 떼어낸다.

❻ 헝겊으로 때를 닦아준다.

❼ 구연산수를 뿌리고 깨끗한 헝겊으로 닦
는다.

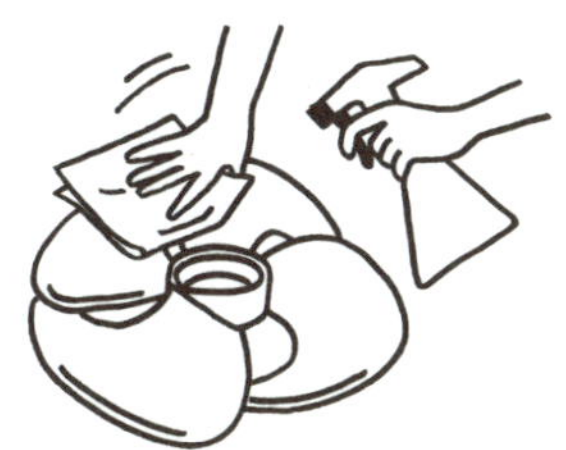

❽ 원래대로 조립하여 설치한다.

분리되지 않는 부분의 얼룩

비눗물   베이킹소다   구연산수

털실 수세미   +   낡은 헝겊

❶ 털실 수세미에 비눗물과 베이킹소다를
뿌린 다음, 더러운 부분을 문질러준다.

❷ 헝겊으로 떨어진 때를 닦아낸다.

❸ 구연산수를 뿌리고 깨끗한 헝겊으로 닦
아준다.

받침접시에 고인 기름

베이킹소다   비눗물   구연산수

낡은 헝겊   +   신문지

❶ 고인 기름보다 조금 많은 양의 베이킹소
다를 뿌리고 가볍게 섞어준 뒤에, 10분
이상 방치해둔다.

❷ 베이킹소다가 기름을 흡수하면, 신문지
를 펼치고 그 위에 헝겊을 이용하여 기
름을 털어낸다.

❸ 기름을 거의 털어냈으면, 받침접시 전체
에 비눗물과 베이킹소다를 뿌리고 헝겊

환기장치의 날개 ● 레인지후드

으로 문지른다.

❹ 구연산수를 뿌리고 깨끗한 헝겊으로 닦
아내어 마무리한다.

들러붙은 기름때

❶ 털실 수세미에 비눗물을 스며들게 한
뒤, 위에서 베이킹소다를 뿌리며 조금씩
문질러 떼어낸다.

❷ 헝겊으로 때를 닦는다.

❸ 구연산수를 뿌리고 깨끗한 헝겊으로 닦
아내어 마무리한다.

플라스틱 부분의 얼룩

환기장치의 날개는 대부분 플라스틱 제품
이기 때문에 거친 수세미 등으로 문지르는
것은 금물이다. 칫솔과 털실 수세미를 이용
하여 청소하는 것이 좋다.

알루미늄 부분의 얼룩

팬과 필터에는 스테인리스, 알루미늄, 법랑
등 여러 가지 소재가 있지만, 알루미늄에는
베이킹소다를 사용해서는 안 된다. 비눗물
과 털실 수세미로 잘 씻은 뒤에 구연산수로
마무리해준다.

스팀청소기가 있다면

환기장치나 레인지후드의 청소에는 스팀
청소기가 무척 유용하다.

기름때에 스팀청소기로 고온의 증기를 쏘
여주면, 때가 부드러워져 닦아내기 쉬워
진다. 때가 다시 굳기 전에 헝겊으로 닦아
낸다.

가전제품 K i t c h e n

가전제품의 겉 부분은 대부분이 합성수지이다.
평소에 물걸레질 대신 구연산수와 클리닝 클로스로 닦으면 신속하게 청소를 마칠 수 있다.
구연산수는 먹어도 안전하므로,
음식이 있는 곳에서 사용해도 안심할 수 있다는 것이 장점이다.
가전제품을 청소할 때는 감전 사고의 우려가 있으니 반드시 전원 끄는 것을 잊지 말자.

평소 관리법

❶ 더러워져 눈에 거슬리는 부분에 구연산
수를 스프레이로 뿌린다.

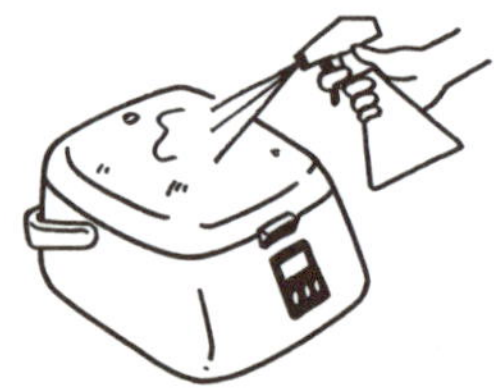

❷ 클리닝 클로스로 닦아서 마무리해준다.

가벼운 손때가 묻은 경우

❶ 손때가 묻은 부분에 베이킹소다를 뿌리
고 털실 수세미로 문지른다.

❷ 구연산수를 뿌린다.

❸ 클리닝 클로스로 닦아준다.

파인 홈, 울퉁불퉁한 부분이 더러운 경우

❶ 칫솔을 가볍게 물에 적셔 베이킹소다를
묻힌 다음 파인 홈이나 울퉁불퉁한 부분
에 대고 문질러준다.

❷ 구연산수를 스프레이로 뿌린다.

❸ 클리닝 클로스로 닦아서 마무리한다.

전기밥솥과 전기포트 내부가 더러운 경우

뜨거운 물 　+　 구연산 　+　 스펀지

❶ 전기밥솥이나 포트를 뒤집어 안에 있는 먼지 등을 싱크대에 털어낸다.

❷ 분리할 수 있는 부분은 분리하여 싱크대에 옮겨놓는다.

❸ 전기포트에 뜨거운 물을 붓고, 그 물의 3%에 해당하는 양만큼 구연산을 넣는다.

❹ 스펀지로 얼룩을 닦아낸다.

❺ 깨끗한 온수로 잘 헹구어준다.

끈적끈적한 얼룩

비눗물 　+　 베이킹소다 　+　 구연산수

털실 수세미 　클리닝 클로스

❶ 끈적끈적한 얼룩에는 유분이 포함되어 있으므로, 털실 수세미에 비눗물 몇 방울과 베이킹소다를 뿌린다.

❷ 털실 수세미로 얼룩을 문질러 떼어낸다.

❸ 구연산수를 뿌린다.

❹ 클리닝 클로스로 닦아준다.

스팀청소기가 있다면

스팀청소기 　낡은 헝겊

스팀청소기의 얇은 노즐을 더러워진 부분에 대고 분사해주면서 헝겊으로 얼룩을 닦아낸다.

Q 냉장고 등 가전제품 안에서 냄새가 날 때는 어떻게 하면 좋은가?

A 냉장고와 오븐, 전자레인지 안에서 냄새가 날 때는 베이킹소다를 작은 컵에 담아서 그 안에 넣어둔다. 잠시 그렇게 두면 베이킹소다가 악취를 흡수해준다. 미국 가정에서는 베이킹소다를 냉장고의 탈취제로 사용하는 경우가 많다.

이럴 때는 구연산 페이퍼를 추천한다

아무리 애를 써도 전기포트 안쪽에 하얗게 들러붙은 석회가 잘 떨어지지 않을 때는, 구연산 페이퍼를 사용해보자.

구연산을 풀처럼 걸쭉한 상태로 만들어 전기포트 안쪽에 바른 다음 그 위에 스프레이로 물을 가볍게 뿌려준다. 그리고 그 위에 화장지를 붙이고 30분간 방치해둔다. 시간이 지나면 하얀 석회가 조금씩 떨어지기 시작한다.

가전제품을 고르는 기준

새로운 가전제품을 구입할 때, 사람들은 무엇보다 기능이나 서비스, 디자인을 우선시하는 경향이 있다. 하지만 장기간 사용할 것을 고려한다면 관리하기 편한가, 그리고 청소하기 쉬운가 하는 문제는 대단히 중요한 체크 포인트이다. 표면이 울퉁불퉁한 것에 비해 매끈한 제품은 걸레질하기 쉽고 때도 덜 타는 편이다. 그리고 필요에 따라 내부의 부속품을 분리할 수 있는가의 여부도 관리하는 데 드는 수고를 생각하면 놓쳐서는 안 된다. 겉모양뿐만 아니라 기능 역시 단순한 제품 쪽이 오래 쓸 수 있고, 청소하기도 간편하다. 또 필요할 때 부품을 구입하여 새로 교환할 수 있는지, 고장이 났을 때 수리를 해주는지의 여부는 가전제품을 장기간 사용하는 데 꼭 체크해야 할 중요 포인트이다.

싱크대 주변

기름때, 물때, 비누 찌꺼기 등으로 무척 더러워지기 쉬운 곳이 싱크대이다.
대부분 싱크대는 스테인리스로 되어 있기 때문에 이런 종류의 더러움은
베이킹소다의 연마력을 이용하여 흠집 내는 일 없이 제거할 수 있다.
수도꼭지는 크롬을 도금한 것이기 때문에 구연산으로 닦으면 효과적이다.
세밀한 부분을 청소할 때는 베이킹소다를 사용한다.

평소 관리법

❶ 작업 전에 싱크대의 개수대 주변에 늘어
  놓은 물건들을 전부 치운다.

❷ 싱크대 벽면 중 5~6곳을 골라 베이킹소
  다를 뿌린다.

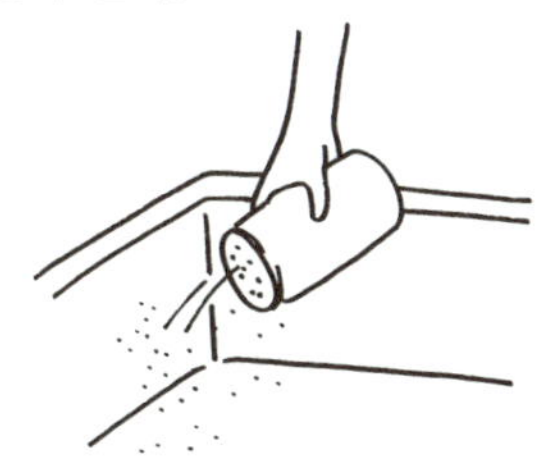

❸ 스펀지로 문질러 닦는다.

❹ 구연산수를 뿌리고 마무리한다.

수도꼭지 평소 관리법

❶ 구연산수를 스프레이로 뿌린다.

❷ 스펀지로 문지른 다음 물로 헹군다.

❸ 클리닝 클로스로 물기가 남지 않도록 닦
  아준다.

청소하기 까다로운 부분

틈새나 손잡이, 연결부위 등 스펀지가 잘
닿지 않는 부분은 칫솔에 베이킹소다를 묻
혀 문질러주면 좋다.

식기세척기가 있다면……

미리 싱크대 벽면에 베이킹소다를 뿌
려놓고, 식기세척기에서 뜨거운 헹굼
물이 나오면 호스를 싱크대에 걸쳐놓
는다.

음식물 쓰레기 전용 용기

플라스틱, 스테인리스, 구리 등의 소재로 되어 있는
개수대의 음식물 쓰레기 용기는 스펀지와 베이킹소다로 닦아준다.
들러붙거나 미끈미끈한 오염물질도 간단히 제거되며 악취를 억제해주는 효과도 있다.
플라스틱 제품이 아니라면, 소독을 겸해서 열탕을 해주는 방법도 있다.
스펀지는 개수대 용기 전용을 별도로 준비하도록 하자.

플라스틱과 스테인리스

❶ 안에 담긴 음식물 쓰레기를 버린다.

❷ 용기 전체에 베이킹소다를 뿌린 뒤에 스펀지로 문질러준다.

❸ 구연산수를 뿌려주고 마무리한다.

Q 음식물 쓰레기에서 나는 악취는 어떻게 제거하나?

A 음식물 쓰레기가 부패하는 냄새는 주로 산성이므로 음식물 쓰레기 전용 용기에 베이킹소다를 뿌려둔다. 그러면 바닥에 뿌린 베이킹소다가 악취를 흡수해준다. 냄새가 난다 싶으면 그때마다 잡균의 번식을 억제해주는 구연산을 뿌려주는 것도 좋다.

구리

❶ 쓰레기 용기에 담긴 음식물을 버린다.

❷ 용기 전체에 베이킹소다를 뿌린 뒤에 스펀지로 문질러준다.

❸ 가볍게 흐르는 물에 헹군 다음 전체에 구연산과 소금을 뿌리고, 물로 적신 헝겊으로 문지르면 깨끗한 구리빛으로 돌아온다. 감귤류나 레몬을 잘라 과육 부분에 소금을 묻힌 다음 문질러주는 것도 좋은 방법이다.

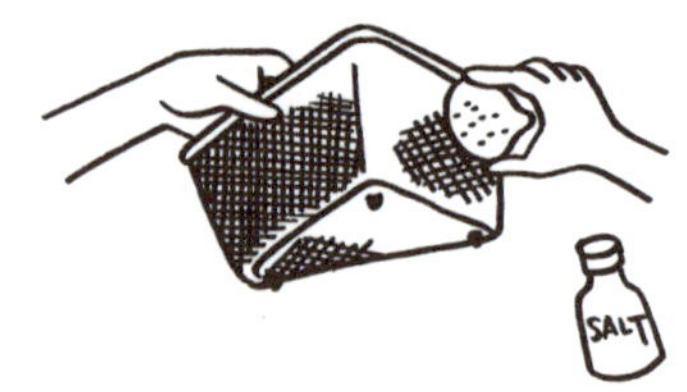

음식물 쓰레기 전용 용기

젖은 쓰레기를 줄이는 요령

악취를 예방하는 좋은 방법은 음식물 쓰레기에서 물기를 빼주는 것이다. 물기 없는 쓰레기를 배수구 근처의 쓰레기 바구니에 버리는 것은 일부러 젖게 하는 것과 마찬가지이다. 물기 없는 쓰레기는 따로 모아두었다가 버리도록 한다.

전단지로 종이 상자를 만들어보자

전단지로 만든 종이 상자에 야채 찌꺼기와 같은 음식물 쓰레기를 담으면 개수대의 쓰레기 바구니에 쌓이는 쓰레기를 많이 줄일 수 있다. 나는 텔레비전을 보면서 상자를 접어서 부엌에 모아둔다. 조리할 때는 개수대의 쓰레기 바구니가 아닌, 종이상자에 야채 찌꺼기를 버린다. 그래서 우리 집에는 개수대에 음식물 쓰레기 전용 용기가 따로

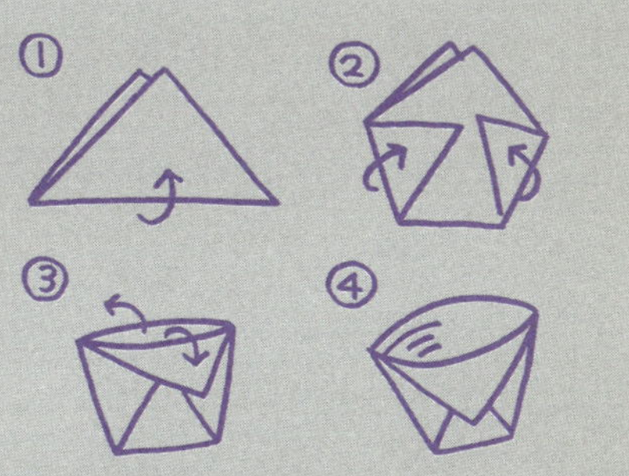

없다. 배수구에 놓아둔 깊이 8cm 정도의 구리로 된 쓰레기 전용 받침접시로 충분하기 때문이다.

냄비

냄비의 소재는 스테인리스, 알루미늄, 테플론 등 실로 다양하다.
소재에 따라서 관리하는 방법 역시 다르다.
하지만 모든 냄비에 적용되는 공통점은 지나치게 거친 수세미로 문지르면 안 된다는 것이다.
표면에 흠집이 생기면 거기에 오염물질이 끼게 되어 시간이 흐를수록 제거하기 어려워진다.

스테인리스 · 법랑 · 테플론 · 내연유리

❶ 카레나 튀김 등의 기름때가 붙어 있는 냄비 전체에 얇게 베이킹소다를 뿌려준다.

❷ 낡은 헝겊으로 더러움을 닦아낸다. 주걱을 사용해도 깨끗하게 떼어낼 수 있다.

❸ 비눗물을 스펀지에 묻혀 냄비의 안과 겉을 모두 닦는다.

❹ 물로 헹구거나, 구연산수를 뿌린 뒤 깨끗한 헝겊으로 닦아서 마무리한다.

알루미늄

❶ 낡은 헝겊으로 더러움을 닦아낸다.

❷ 비눗물을 스펀지에 묻혀 냄비의 안과 겉을 모두 닦는다.

❸ 물로 헹구거나, 구연산수를 뿌린 뒤 깨끗한 헝겊으로 닦아서 마무리한다. 베이킹소다로 문지르면 냄비가 검게 되므로 주의해야 한다.

철

사람에 따라 유분을 남기고 싶은 사람과, 반대로 기름때를 철저하게 제거하고 싶어하는 사람이 있다. 이 둘은 씻는 방법이 완전히 다르다. 사람마다 생각하는 것이 모두 다르므로 어느 쪽이 옳다고 할 수 없지만, 일반적으로 청소하는 방법은 다음과 같다.

❶ 냄비가 아직 뜨거울 때, 낡은 헝겊으로 더러움을 문질러 닦아낸다. 그러면 대부분의 더러움은 제거된다.

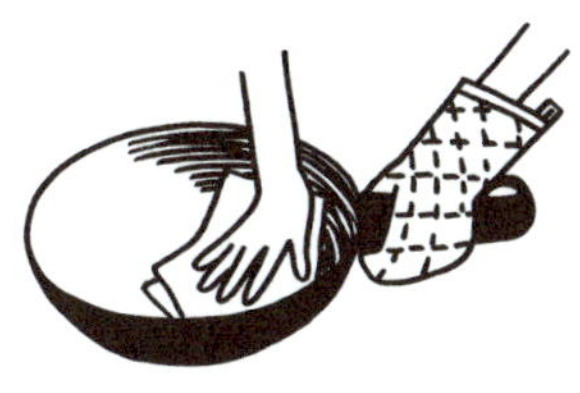

❷ 그렇게 씻는 것으로는 성에 차지 않는 사람은 비눗물을 소량 스펀지에 묻혀 냄비의 안과 겉을 모두 닦는다. 그리고 물로 깨끗이 헹군 다음 완전히 건조시킨다.

❸ 마지막으로 종이타월에 샐러드 오일을 적셔서 닦아준다. 이렇게 하면 기름의 보호막이 냄비에 씌어져 녹이 스는 것을 방지할 수 있다.

Q 구리 냄비의 그을음은 어떻게 제거하나?

A 구리 냄비는 대부분 안쪽은 주석이고, 바깥쪽은 구리인 경우가 많다. 주석 부분은 조심스럽게 닦아서 더러움을 씻어낸다. 바깥쪽의 구리는 굵은 소금을 뿌리고, 반으로 자른 레몬으로 문지른다. 겨울철에는 감귤류를 이용하면 좋다.

냄비를 고르는 기준

냄비를 고르는 기준은 사람에 따라 제각각이지만, 내가 가장 중요하게 생각하는 점은 청소하기 쉬워야 한다는 것이다. 법랑이나 유리로 된 냄비는 부드러운 스펀지를 이용하여 흠집이 나지 않도록 관리해야 하며, 실수로라도 떨어뜨리거나 부딪히면 안 되기 때문에, 덜렁대는 성격인 나에게는 적합하지 않아 쇼핑목록에서 제외시킨다. 알루미늄도 베이킹소다로 닦으면 검은 얼룩이 생기기 때문에 탈락. 그래서 현재 우리 집에 남아 있는 것은 스펀지로 닦을 수 있는 스테인리스 냄비뿐이다.

하루가 상쾌해지는 욕실

욕실의 벽은 타일이나 합성수지인 경우가 많다.

그 소재에 따라서 관리 방법이 달라진다.

타일의 경우는 아무래도 이음새가 더러워지는 것이 걱정되고

합성수지인 경우는 흠집이 생겨 그 사이가 더러워지는 것이 눈에 거슬린다.

욕조의 소재는 인조대리석, 스테인리스, 법랑,

합성수지 등이 있지만 어느 것이나 모두 섬세하다.

그러므로 청소할 때는 부드러운 스펀지나

클리닝 클로스로 된 욕실용 장갑 등

흠집을 내지 않는 도구를 이용하는 것이 바람직하다.

욕실 바닥·벽·천장 

욕실은 습도, 온도, 사람의 때 등 곰팡이가 생기기 쉬운 3대 조건이 모두 갖춰져 있는 장소이다.
자주 환기시켜서 실내에 습기가 차지 않도록 주의하는 것이 곰팡이를 예방하는 첫걸음이다.
벽에 맺히는 물기를 눈에 보일 때마다 닦아주면 훨씬 깨끗하게 유지할 수 있다.
그리고 증기가 차지 않도록 냉수를 사용할 것, 바닥에는 물건을 두지 말 것,
배수구의 오염물질은 부지런히 제거해주는 것도 중요하다.
유칼리유가 있다면 베이킹소다와 구연산을 섞어 사용하는 방법을 권하고 싶다.
그렇게 하면 곰팡이 방지에 효과가 있다.

합성수지와 타일로 된 벽의 평소 관리법

유리닦이

① 욕실을 사용한 뒤에는 나오기 전에 샤워기로 벽에 냉수를 뿌려준다.

② 유리닦이로 벽의 물방울을 제거한다.

③ 창문과 욕실문을 살짝 열어놓는다. 창문이 없는 경우에는 환기팬을 돌려준다.

합성수지로 된 바닥의 평소 관리법

① 배수구 주변의 더러움을 제거하고, 바닥의 모든 물건을 치워놓는다.

② 40도 정도의 뜨거운 물을 양동이의 4분의 1(약 2.5ℓ) 정도 준비하고, 거기에 베이킹소다 1컵을 넣고 녹인다.

③ ②를 욕실용 솔에 묻히면서 구석부터 문질러준다.

④ 냉수를 양동이 4분의 1 정도 받은 다음, 구연산을 2분의 1컵 넣는다. 그리고 그것을 바닥 전체에 뿌려준다.

타일로 된 바닥의 평소 관리법

❶ 배수구 주변의 더러움을 제거하고, 바닥의 모든 물건을 치워놓는다.

❷ 40도 정도의 뜨거운 물을 양동이의 4분의 1(약 2.5ℓ) 정도 준비하고, 거기에 베이킹소다 1컵을 넣고 녹인다.

❸ ❷를 욕실용 솔에 묻혀 구석부터 문질러준다.

❹ 냉수를 바닥 전체에 뿌려준다.

합성수지 바닥과 벽의 더러움이 심한 경우

❶ 청소하려는 부분에 먼저 샤워기로 물을 가볍게 뿌린 뒤에 베이킹소다를 뿌린다.

❷ 비눗물을 욕실용 솔에 10방울 정도 떨어뜨린 다음 구석부터 문질러준다.

❸ 냉수 약 2.5ℓ에 구연산 반 컵을 넣고 녹여 바닥에 뿌려준다. 벽은 스프레이를 이용해서 뿌린다.

타일 바닥과 벽의 더러움이 심한 경우

❶ 청소하려는 부분에 먼저 샤워기로 물을 가볍게 뿌린 뒤에 베이킹소다를 뿌린다.

❷ 비눗물을 욕실용 솔에 몇 방울 떨어뜨린 다음 구석부터 문질러준다. 비눗물을 많이 사용하면 나중에 거품을 씻어내기가 어려워지므로 주의한다.

❸ 냉수를 구석까지 샤워기로 뿌려준다.

천장의 더러움이 심한 경우

❶ 가볍게 적신 밀대걸레에 베이킹소다를
소량 뿌린다.

❷ 밀대걸레로 천장을 꼼꼼하게 닦아준다.

❸ 밀대걸레의 걸레를 깨끗한 헝겊으로 갈
아 끼운다. 그리고 스프레이로 구연산수
를 뿌린 다음 다시 한 번 천장을 닦는다.
❹ 새로운 헝겊으로 걸레를 바꾼 뒤에 마른
걸레질을 해준다.

목재 등의 천연소재인 벽과 천장이
더러워진 경우

천연소재의 벽과 천장에는 곰팡이가 생기
기 쉽다. 생겼다 싶을 때는 마른 걸레를 밀
대에 끼워서 물기를 제거해준다. 특히 네 귀
퉁이는 곰팡이가 생기기 쉬운 곳이므로 평
소에 부지런히 물기를 제거해주도록 한다.

이음새에 생긴 곰팡이

❶ 청소하려는 부분이 젖어 있다면 먼저 낡
은 헝겊으로 물기를 닦아준다.
❷ 더러운 부분에 베이킹소다를 뿌린다.
❸ 이음새에 맞는 운동화솔이나 레일 브러
시로 문질러서 베이킹소다의 연마력으
로 곰팡이를 제거한다.

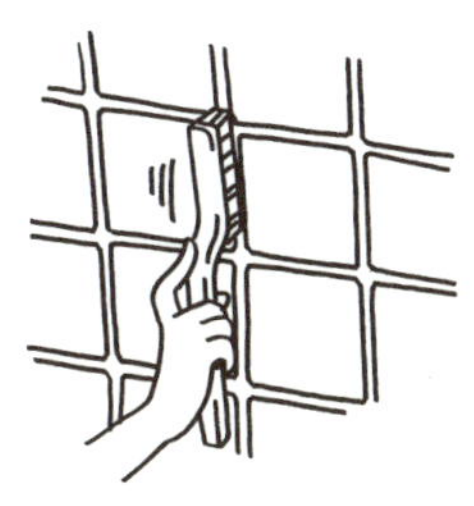

욕조  bathroom

욕조에 주로 생기는 더러움은 물때, 검은 곰팡이, 비누 찌꺼기이다.
물때는 산성이므로 베이킹소다와 비누로, 검은 곰팡이는 베이킹소다로 제거한다.
한편 비누 찌꺼기는 알칼리성이므로 구연산으로 깨끗하게 제거할 수 있다.
욕조의 소재로 인기 있는 것은 FRP(섬유강화플라스틱)이지만, 인조대리석, 스테인리스 등도 있다.
어느 것이나 흠집이 생기기 쉬우므로 관리 방법은 거의 비슷하다.

욕조의 평소 관리법

베이킹소다   비눗물   스펀지

❶ 욕조 벽면에 베이킹소다를 뿌리고, 비눗물 몇 방울을 떨어뜨린 스펀지로 문질러준다.

❷ 스펀지를 사용해서 욕조 위에서 아래 방향으로 물때를 문질러 닦아낸다.

❸ 욕조바닥까지 모두 닦은 뒤에, 욕조 전체에 샤워기로 물을 뿌려준다. 그리고 목욕할 때 마지막에 하는 사람이 욕조에 받아둔 목욕물을 빼면서 청소를 하면 욕조는 항상 깨끗한 상태를 유지할 수 있다.

손잡이

베이킹소다   스펀지

스펀지를 가볍게 물에 적신 다음 베이킹소다를 뿌린다. 그리고 더러워진 부분에 대고 문질러준다.

욕조 주변의 코킹

베이킹소다   운동화솔

❶ 욕조 주변의 이음새 부분인 코킹에 검은 점이 생겼다면 그것은 십중팔구 검은 곰팡이이다. 운동화솔을 물에 가볍게 적신 다음 베이킹소다를 뿌린다. 그리고 그 솔로 곰팡이가 생긴 부분을 문지른다.

❷ 샤워기로 물을 뿌려 헹구어준다.

욕조 주변에 때가 하얗게 들러붙은 경우

구연산 페이퍼 ✚ 스펀지

❶ 하얗게 들러붙은 때는 대부분 알칼리성이다. 구연산 페이퍼(p22 참조)로 녹여주도록 하자. 그리고 비눗갑의 바닥이나 수도꼭지 주변 등도 잊지 말고 확인하기 바란다.

❷ 구연산 페이퍼를 붙이고 30분 정도 시간이 경과하면 스펀지로 문질러준다.

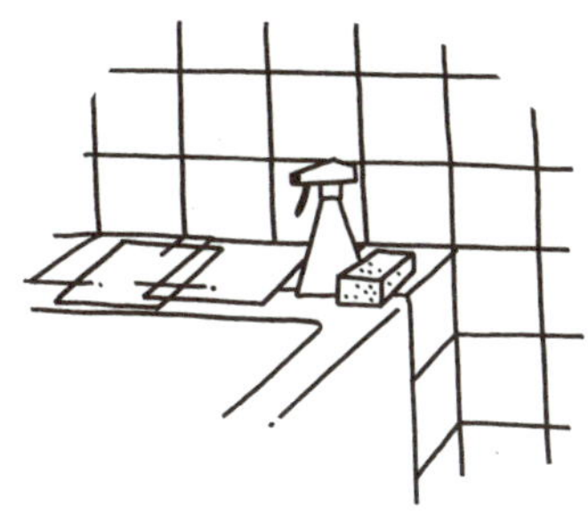

❸ 냉수로 깨끗이 헹군다.

입욕제 대신에 베이킹소다를

우리 집에서는 향을 첨가한 베이킹소다를 입욕제 대신에 사용하고 있다.

1컵의 베이킹소다에 오일을 10방울 정도 넣은 뒤 그것을 목욕할 때 사용한다. 보통은 라벤더 등을 사용하지만, 여름철에는 박하향기가 마음에 들어 박하유를 사용하고 있다. 반면 감귤계는 사람의 피부에 강한 자극을 주기 때문에 별로 권하고 싶지 않다.

병원에서는 통증과 가려움에 시달리는 환자를 2% 정도의 베이킹소다물로 씻어준다고 한다. 아토피 증상이 있는 우리 집 아이도 베이킹소다를 넣은 목욕물로 씻고 나면, 피부가 촉촉하고 기분상 간지러움이 한결 덜한 것 같다고 한다. 그리고 베이킹소다를 넣은 목욕물에 몸을 담그면 몸 안에서부터 따뜻한 기운이 느껴져 그만큼 목욕물의 온도 유지 시간이 길어진다.

세면대 

세면기, 수도꼭지, 컵과 비눗갑, 거울 등
세면대 주변에 놓아둔 물건들에 생기는 때는 물때와 비누 찌꺼기,
그리고 곰팡이와 먼지 등이다.
베이킹소다의 연마력으로 문질러서 때를 제거하고 구연산으로 중화시키도록 한다.

평소 관리법

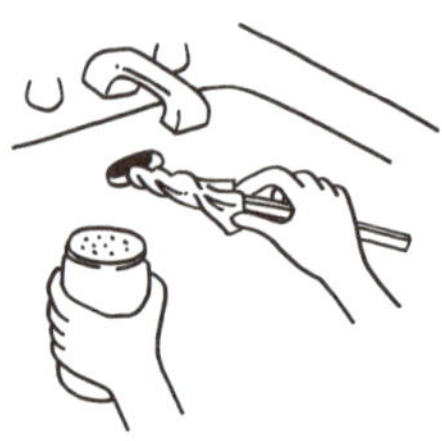

구연산수 + 베이킹소다 + 털실 수세미 + 낡은 헝겊 + 나무 젓가락

❶ 세면기와 세면대에 베이킹소다를 구석구석 뿌린다.

❷ 털실 수세미로 문질러서 때를 제거한다.

❸ 구연산수를 뿌린다.

❹ 세면기 윗부분에 있는 수위조절을 위한 작은 구멍은 검은 곰팡이가 생기기 아주 쉬운 부분이다. 가볍게 물을 뿌린 다음 베이킹소다를 뿌려준다. 그리고 나무젓가락에 낡은 헝겊을 말아서 문지른다. 이때 스팀청소기를 사용해도 좋다.

❺ 전체에 물을 뿌려 헹구어준다.

❻ 헝겊으로 물기를 제거하여 마무리해준다.

더러움이 심한 경우

구연산수 + 구연산

칫솔 + 낡은 헝겊 + 클리닝 클로스

❶ 더러워진 부분에 구연산수를 뿌리고, 그 위에 구연산을 직접 뿌려준다. 그리고 30분 정도 방치해둔다.

❷ 칫솔로 꼼꼼히 문질러 더러움을 제거한다.

❸ 낡은 헝겊으로 더러움을 닦아낸 다음 클리닝 클로스로 마무리해준다.

❹ 위의 방법을 계속 반복하면 물때와 비누 찌꺼기가 점점 사라진다.

세면대

수도꼭지

구연산수   스펀지   클리닝 클로스

❶ 수도꼭지 전체에 구연산수를 뿌린다.
❷ 스펀지로 문지른다. 구연산이 남지 않도
  록 물로 깨끗이 헹구어준다.
❸ 클리닝 클로스로 표면을 닦아주면서 마
  무리한다.

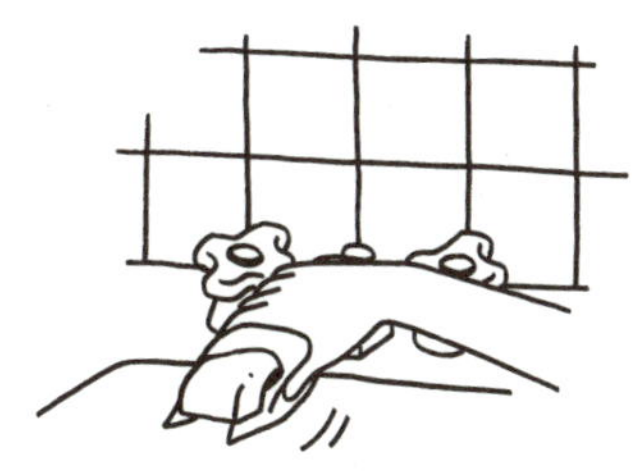

세밀한 부분

수도꼭지의 연결부위 등과 같은 세밀한 부
분은 칫솔이나 면봉을 이용하여 청소를 하
면 편리하다.

스팀청소기가 있다면

스팀청소기   낡은 헝겊   클리닝 클로스

❶ 더러워진 부분에 스팀을 쏘이면서 낡은
  헝겊으로 닦아낸다.
❷ 클리닝 클로스로 닦으면 물기가 남지 않
  는다.

거울

탄산수   클리닝 클로스

❶ 탄산수를 스프레이에 옮겨 담는다.
❷ 거울에 탄산수를 뿌리고, 클리닝 클로스
  로 위에서 아래 방향으로 닦아준다. 클
  리닝 클로스로 닦으면 대부분 두 번 걸
  레질을 할 필요가 없다.

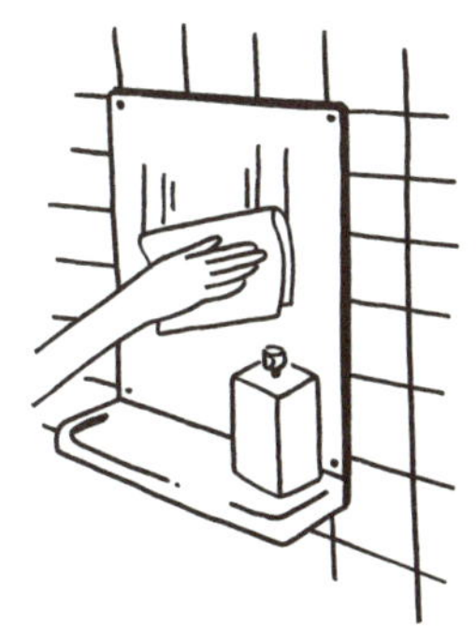

배수구

세면대의 배수구에 물 빠지는 속도가 원활하지 못하거나 불쾌한 냄새가 난다면,
서둘러 이 청소법을 시험하기 바란다.
배수관이 막혀 전혀 손쓸 도리가 없는 상황에서는 효과를 기대하기 어렵지만,
정기적으로 또는 좀 이상하다 싶을 때 이 방법을 사용하면,
큰 수고 없이 문제를 해결할 수 있다.

리프레시 청소법

베이킹소다 + 구연산수 + 뜨거운 물

❶ 베이킹소다를 배수구에서 안까지 가득
찰 때까지 뿌려준다. 배수구에 따라 양
의 차이는 있지만, 나는 보통 2분의 1컵
정도를 넣는다.

❷ 구연산수 1컵을 전자레인지로 1분간 가
열한다. 전자레인지가 없는 경우에는 약
50도 정도로 데워준다.

❸ 뜨거운 구연산수를 배수구에 붓는다.

❹ 베이킹소다로 인해 거품이 생기므로 바
로 마개를 닫아 거품을 배수관 안에 가
두어둔다.

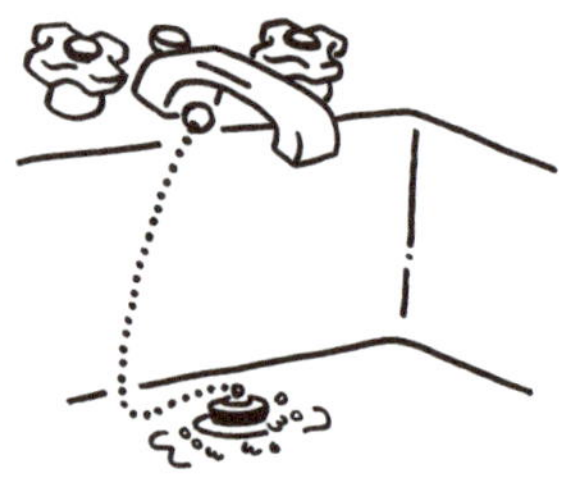

❺ 그대로 30분 이상 놓아두었다가, 거품으
로 배수관 청소가 끝났을 무렵 뚜껑을
열고 뜨거운 물로 헹구어준다.

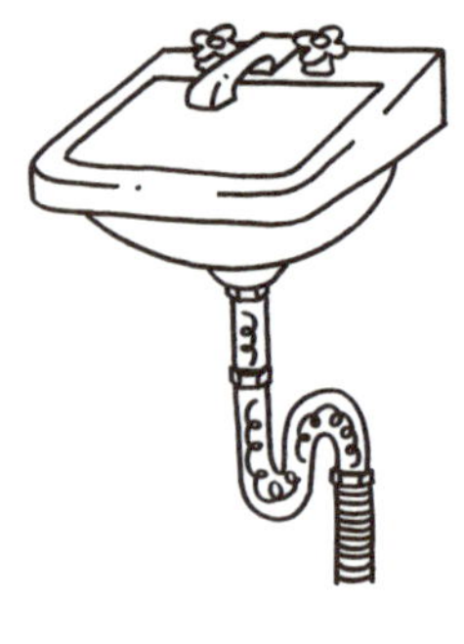

배수구

부엌이나 욕실의 배수구 냄새

리프레시 청소법은 보글거리며 올라오는 거품이 재미있어서 아이들도 싫증내지 않고 서로 하고 싶어한다. 또한 위험물질을 전혀 사용하지 않기 때문에 가족들이 벌거벗고 이용하는 욕실이나, 음식을 만드는 부엌에 적합한 훌륭한 청소 방법이다.

부엌이나 욕실의 배수구는 뚜껑을 닫고 거품을 가둬둘 수는 없지만, 앞에서와 같이 거품이 일게 내버려두면 불쾌한 냄새가 발생하는 것을 억제해준다. 동시에 관의 내부에 붙어 있는 때를 불려주기 때문에 청소 전에 미리 해두면 다음 작업이 훨씬 수월해진다. 탈취제로 사용했던 베이킹소다를 재활용하면 절약할 수 있어 더욱 좋다.

세면대를 청소하는 김에

세면대를 청소할 때마다 사용한 베이킹소다를 배수구에 모은 뒤, 그 위에 베이킹소다를 조금 더 뿌려준다. 그리고 위에서 뜨거운 구연산수를 부으면 베이킹소다도 절약되고, 정기적으로 배수관 청소도 할 수 있으니 일석이조이다. 그뿐만 아니라 배수관이 막히는 것을 예방할 수 있고, 불쾌한 냄새도 방지할 수 있다.

호스

호스에 생긴 핑크빛 얼룩은 박테리아가 번식한 것이다.
그리고 하얗게 들러붙은 때는 수돗물에 포함된 칼슘 등이 가라앉은 물때와
비누 찌꺼기이며, 모두 알칼리성이다.
어느 것이나 가벼운 정도라면 베이킹소다의 연마력으로 제거할 수 있다.
하지만 심하게 들러붙은 경우에는 구연산수를 사용하여 제거해야 한다.

평소 관리법

베이킹소다 페이스트　　구연산수　　　스펀지　　　낡은 헝겊

❶ 스펀지에 베이킹소다 페이스트를 묻힌
다음, 호스를 스펀지로 감싸듯이 쥐고
위에서 아래 방향으로 문지른다.

❷ 더러움이 제거되면, 구연산수를 뿌리고,
낡은 헝겊으로 닦아서 마무리해준다.

❸ 호스를 바닥에 방치해두면, 바닥과 호스
모두 물때 등으로 쉽게 더러워진다. 호
스는 항상 바닥에 닿지 않도록 높은 곳
에 걸어두도록 한다.

얼룩이 들러붙은 경우

구연산수　　　　구연산　　　　스펀지

❶ 더러워진 부분에 구연산수를 뿌리고,
그 위에 구연산을 직접 뿌려준다. 그리
고 30분 정도 방치해둔다.

❷ 스펀지로 문질러 더러움을 제거한다.

❸ 물로 깨끗이 헹구어준다. 필요에 따라
이 방법을 몇 번 더 반복해준다.

청결감이 느껴지는 방과 거실

"그런 건 나도 안다구요!" 하며 웃을지 모르지만,
일단 한번 짚고 넘어가자면 청소의 기본 순서는 '위에서 아래'이다.
바닥을 깨끗이 청소한 다음에 선반의 먼지를 턴다면,
모처럼 깨끗해진 바닥에 다시 먼지가 떨어지고 지금까지의 수고가 모두 물거품이 되고 만다.
다시 청소를 해야 하는 불상사를 피하기 위해서라도,
위에서 아래 방향으로 청소를 하는 것은 청소의 기본이다.
특히 사람이 모여 있는 일이 많은 거실이나 아이들 방,
이불이 있는 침실은 먼지가 쌓이기 쉬운 곳이다.
무의식중에 이리저리 어질러 있는 바닥에 눈이 먼저 가겠지만,
우선 천장과 선반 위, 그리고 전등갓 순서대로 먼지를 터는 것부터 시작하자.

바닥 

플로어링(목재로 된 나무판), 비닐 클로스, 코르크 바닥에는
기본적으로 구연산수를 사용해도 OK.
중요한 것은 먼지를 확실하게 제거한 다음에 밀대걸레로 걸레질을 해야 한다는 것.
물기가 남지 않도록 꼼꼼히 닦는 것이 포인트이다.

플로어링, 비닐 클로스, 코르크 바닥재의 평소 관리법

구연산수 ＋ 비 ＋ 밀대걸레

❶ 먼저 비를 이용해 바닥의 먼지를 쓸어
모은다. 방과 주변 가구의 아래, 구석의
먼지까지 모두 쓸어낸다.

❷ 한 손에 구연산수를, 그리고 다른 한 손
에 밀대걸레를 들고 걸레질을 시작한다.
스프레이를 뿌리고, 바로 걸레로 닦는
다. 구연산수를 스프레이로 뿌리면 물방
울이 구석구석까지 퍼져나가기 때문에
걸레질이 훨씬 수월해진다.

스티커 등의 접착성 얼룩

구연산 ＋ 베이킹소다 페이스트 ＋ 구연산수

낡은 헝겊 ＋ 밀대걸레

❶ 스티커 등의 흔적이 남아 바닥이 더러워
진 경우에는 소량의 비눗물을 그 얼룩에
뿌리고 불린다.

❷ 거기에 베이킹소다 페이스트를 바르고,
낡은 헝겊으로 더러움을 닦아낸다.

❸ 구연산수를 뿌리고 밀대걸레로 닦아준다.

카펫 관리법

＋ 유칼리유 ＋ 청소기

베이킹소다

❶ 카펫에 젖은 부분이 없는지 건조된 상태
  를 확인한다.

❷ 베이킹소다 2분의 1컵에 유칼리유를
  1~2방울 떨어뜨리고 잘 섞어준다.

❸ 카펫 전체에 조금씩 베이킹소다를 뿌려
  준다. 가능하면 하룻밤 그대로 둔다.

❹ 다음 날 아침, 카펫 전체를 청소기로 밀
  어준다.

털이 긴 카펫

베이킹소다를 뿌리고 손으로 주무르듯이
손질해주면 효과적이다.

『베이킹소다』의 저자인 비키 랜스키는 잠
자리에 들기 전에 카펫 전체에 베이킹소다
를 골고루 뿌려두었다가, 다음 날 아침 청
소기로 밀어주면 카펫이 깨끗해진다고 한
다. 공기 중에 떠돌던 먼지도 밤새 바닥에
가라앉기 때문에 함께 청소할 수 있다. 아
침 시간에 여유가 있는 사람들에게 이 방법
을 권하고 싶다.

카펫

스팀청소기

집에 스팀청소기가 있다면 꼭 카펫에 사용하기 바란다. 카펫의 눌린 털을 다리미로 다린 것처럼 일으켜줘서 마치 새것처럼 만들어준다는 평판이 자자하다. 그리고 얼룩 제거에도 스팀청소기는 매우 유용하다. 돗자리를 확실하게 청소하고 싶을 때는 스팀청소기를 쏘인 다음 대걸레로 바로 습기를 제거해준다.

카펫의 얼룩

얼룩은 얼마나 신속하게 대처하느냐에 따라 성패가 좌우되기 때문에, 엎질렀을 때 바로 얼룩을 제거해주도록 한다. 얼룩의 성질이 지용성인지, 아니면 수용성인지에 따라 대처법이 달라진다. 엎지르고 바로 스팀청소기를 쏘여주면 대부분의 오염은 제거할 수 있다. 단, 혈액, 달걀은 열을 가하면 굳어지고, 껌은 부드러워져서 오히려 다루기 어려워지므로 주의가 필요하다.

Q 플로어링 바닥의 왁스는 베이킹소다를 뿌려도 지워지지 않나?

A 베이킹소다의 입자는 비교적 미세하기 때문에 들러붙은 스티커 등을 제거하기 위해 스펀지로 문지르는 정도라면 걱정할 필요 없다. 만약 그래도 걱정이 된다면 목면주머니에 쌀겨를 넣고 주머니 입구를 가볍게 묶은 다음 그 주머니로 바닥을 문지르는 방법도 있다. 쌀겨의 기름으로 광택이 나고 더러움도 어느 정도는 제거된다.

카펫 얼룩의 성질과 기본적인 대처방법

기름 초콜릿 등유 버터 마요네즈	지용성	카펫에 묻자마자 금방 스며드는 것은 아니기 때문에 먼저 마른 천으로 닦아낸다. 스며든 경우에는 베이킹소다를 뿌려서 중화시켜준다. 잘 제거되지 않을 때는 소량의 비눗물을 낡은 헝겊에 묻혀 위에서 두드리듯이 닦고 구연산수를 뿌려서 마무리한다.
구토	불용성	소다를 뿌리고 그 위에 구연산수를 스프레이로 뿌린다. 그리고 마지막으로 뜨거운 물을 조금씩 뿌리며 낡은 헝겊으로 닦아낸다.
소스 간장 맥주 와인 홍차 커피 주스 우유	수용성	글리셀린 2분의 1과 온수 2분의 1컵을 섞은 다음 그것을 털실 수세미로 두드려 흡수시킨다. 그리고 낡은 헝겊으로 닦아낸다. 마지막에 뜨거운 물을 조금씩 뿌리고 낡은 헝겊으로 닦아낸 뒤 잘 건조시킨다.
달걀 혈액	수용성	단백질은 열을 가하면 굳어지기 때문에 제거하기 어려워지므로 주의한다. 물로 적신 천을 단단히 잡고 위에서 두드린다.
껌	유용성	얼음을 대고 딱딱하게 굳힌 다음 부셔서 제거한다.

액체 종류는 엎질렀을 때, 바로 두드리듯이 낡은 헝겊으로 닦아내거나, 스팀청소기가 있을 때는 스팀을 쏘여주면 더러움이 금방 제거된다. 물론 소량의 끓인 물을 대신 사용하는 것도 가능하다. 또 위와 같이 구연산이나 베이킹소다, 비누 등 친숙한 재료를 사용해도 얼룩을 제거할 수 있다. 글리세린은 물에 잘 녹는 알코올의 일종으로, 보습제로서 화장품 등에 사용되는 것 외에도 계면활성제로서의 효능도 있다. 같은 양의 물로 희석시킨 글리세린을 상비해두고 가벼운 얼룩 제거에 사용하면 편리하다. 기본적으로 얼룩은 시간이 흐르면 흐를수록 제거하기 어려워지므로 무언가를 카펫에 흘렸을 때는 즉시 닦아내도록 한다.

전등갓 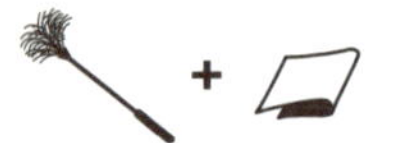 L i v i n g R o o m

전등갓의 소재는 전통 종이나 천에서 유리까지 실로 다양하다.
소재가 전통 종이나 천인 경우는 액체를 뿌리면 얼룩이 남거나 찢어질 수 있으므로,
부지런히 먼지떨이로 먼지가 쌓이지 않도록 털어주는 것이 가장 좋은 방법이다.

평소 관리법

깃털 먼지떨이   클리닝 클로스

❶ 위에서 아래 방향으로 깃털 먼지떨이를
  이용하여 먼지를 털어준다.

❷ 클리닝 클로스로 닦아서 마무리한다.

전통 종이와 천

구연산수   깃털 먼지떨이   낡은 헝겊

❶ 깃털 먼지떨이로 먼지를 잘 털어준다.
❷ 먼지떨이로 제거되지 않는 더러움은 구
  연산수를 뿌린 낡은 헝겊으로 조심스럽
  게 닦아준다.

유리와 플라스틱

구연산수   깃털 먼지떨이   칫솔   낡은 헝겊

❶ 깃털 먼지떨이로 먼지를 잘 털어준다.
❷ 매끄럽지 않고 약간 들쑥날쑥한 부분
  은 칫솔로 미세한 부분까지 먼지를 털
  어준다.
❸ 구연산수를 뿌린 낡은 헝겊으로 조심스
  럽게 닦아서 마무리한다.

더러움이 심한 경우

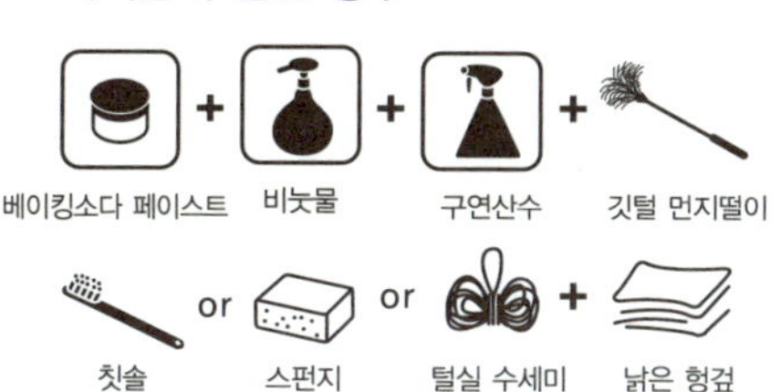

베이킹소다 페이스트 + 비눗물 + 구연산수 + 깃털 먼지떨이

칫솔 or 스펀지 or 털실 수세미 + 낡은 헝겊

① 깃털 먼지떨이로 먼지를 잘 털어준다.

② 칫솔이나 스펀지, 털실 수세미 등에 베이킹소다 페이스트와 비눗물을 묻힌 다음, 조금씩 더러움을 닦아내도록 한다.

③ 구연산수를 뿌린 낡은 헝겊으로 가볍게 두드려서 마무리한다.

장소와 재질

요리할 때 식용유 등이 튈 수 있는 부엌에는 비누로 씻을 수 없는 종이나 천으로 된 전등갓은 적합하지 않다. 전등갓은 설치할 장소가 어떤 성질의 더러움이 생길 수 있는 곳인지를 참고하여 재질을 선택하는 것이 바람직하다.

블라인드

먼지가 쌓이기 쉽고, 청소하기가 번거로운 것이 바로 이 블라인드이다.
블라인드 소재는 금속, 나무, 알루미늄 등이 있지만 기본적으로 청소 방법은 똑같다.
경사를 조절하는 끈이나 장식 띠가 검게 때가 타 있으면 불결해 보여서, 별로 보기에 좋지 않다.
부지런히 먼지떨이를 이용해 먼지가 쌓이지 않도록 하자.

평소 관리법

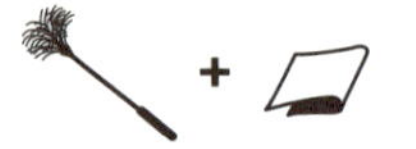

깃털 먼지떨이   클리닝 클로스

① 블라인드를 모두 내린 상태로 해놓는다.
② 깃털 먼지떨이를 이용해서 위에서 아래
　 방향으로 먼지를 털어준다.
③ 클리닝 클로스로 닦아서 마무리한다.

블라인드 판이 더러운 경우

비눗물   베이킹소다   구연산수   목장갑

① 블라인드를 모두 내린 상태로 해놓는다.
② 목장갑에 소량의 비눗물과 베이킹소다
　 를 뿌린 다음, 위에서부터 순서대로 닦
　 아준다.

③ 마지막 판까지 닦은 뒤에 목장갑을 깨끗
　 한 것으로 갈아 낀다.
④ 깨끗한 목장갑에 구연산수를 뿌리고,
　 블라인드 판을 닦는 작업을 한 번 더 해
　 준다.

블라인드

경사를 조절하는 끈과 장식 띠가 더러운 경우

❶ 목장갑에 비눗물과 베이킹소다를 뿌린다.

❷ 그 목장갑으로 경사를 조절하는 끈과 장식 띠를 문질러 닦아준다.

❸ 더러움이 제거되면 목장갑을 벗고, 구연산수를 뿌린 낡은 헝겊으로 잘 닦은 다음 건조시킨다.

끈에 때를 묻히지 않는 방법

블라인드 판을 닦을 때, 조절 끈이나 장식 띠는 블라인드에서 조금 떨어진 곳에 압정이나 테이프로 고정시켜놓는다.

나무 블라인드

블라인드의 소재가 나무인 경우 세제를 지나치게 많이 사용하면 나무가 건조해져서 손상될 수 있다. 그러므로 평소에 청소를 자주 해서 먼지가 쌓이지 않도록 주의한다.

방충망  Living Room

문의 방충망에 생기는 더러움은 주로 조밀한 틈새에 붙은 흙먼지이다.
평소에 물을 사용해서 닦는 것도 하나의 방법이지만,
다음과 같은 방법으로 비교적 손쉽게 더러움을 제거할 수 있다.

평소 관리법

비눗물 + 구연산수 + 낡은 헝겊 + 솔

❶ 양동이에 물을 반(약 5ℓ)쯤 받은 뒤에 거기에 비눗물을 3~4컵 정도 넣고 잘 저어 준다. 그리고 큰 솔을 사용해서 거품을 내준다. 나는 세차용 솔을 애용하는 편이다.

❷ 거품이 생긴 비눗물을 솔에 묻힌 다음 방충망을 위해서 아래로 씻어준다.

❸ 중간 중간에 비눗물을 묻히면서 방충망 아래까지 씻는다.

❹ 반대 측에서도 똑같은 방법으로 위에서 아래로 씻어준다.

❺ 구연산수를 뿌리면서 낡은 헝겊으로 닦아주는 것으로 마무리한다.

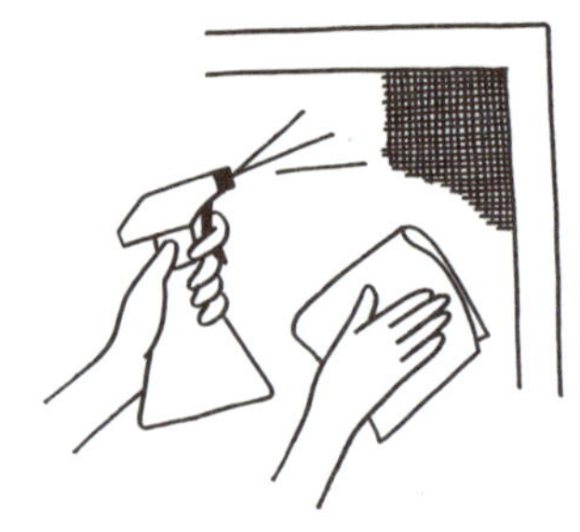

Q 방충망을 깨끗하게 청소하는 요령은 무엇인가?

A 솔이 더러워지면 아무리 열심히 닦아도 소용이 없다. 부지런히 비눗물을 묻혀서 깨끗이 닦아줄 것, 그리고 청소를 시작하기 전에 방충망 양쪽을 만져보고 흙먼지가 심할 때는 물을 뿌리기 전에 깃털 먼지떨이로 먼지를 털어주면 작업이 훨씬 편해진다. 물로 적시기 전에 먼지와 흙을 가능한 한 많이 털어주는 것은 방충망에 국한된 이야기가 아니다.

먼저 방충망 안쪽에서부터 청소를 시작한다. 상대적으로 더러움이 덜한 내부를 먼저 청소하면 솔을 심하게 더럽히지 않고 청소를 마칠 수 있기 때문이다.

문틀도 깨끗이!

방충망을 씻을 때, 문틀도 같이 씻으면 청소를 한번에 끝마칠 수 있다. 문틀을 닦을 때는 흠집이 나지 않도록 부드러운 솔을 이용한다. 그리고 비눗물이 방울져 떨어지면 레일 부분에 고이게 되므로 이 부분도 청소하는 김에 닦아주도록 한다. 마무리는 구연산수와 낡은 헝겊으로 닦아준다.

스팀청소기는 이런 들쑥날쑥하거나 세밀한 틈의 먼지들을 가볍게 날려주는 장점이 있다. 만약 집에 가지고 있다면 그 편리함을 느껴보기 바란다.

창문 Living Room

"이렇게 간단히 청소가 끝나도 되는 거야?"
이런 행복한 놀람을 당신에게 선사하는 것은 다름 아닌 탄산수를 이용한 유리 클리너.
유리창만이 아니라 텔레비전 화면, 컴퓨터 모니터, 안경, 뭐든 만사 OK.
탄산수는 식품이기 때문에 선반 등에 식품을 넣어둔 채 사용해도 안심할 수 있다.
창문을 청소할 때는 유리를 닦기 전에 먼저 창살부터 청소해주는 것이 순서이다.

창살이 더러운 경우

❶ 작은 접시에 비눗물과 베이킹소다를 넣고 잘 섞어준다. 그리고 그것을 칫솔에 묻혀 양치질하듯이 문질러 더러움을 제거한다.

❷ 구연산수를 뿌리면서 낡은 헝겊으로 닦아준다.

유리가 더러운 경우

❶ 먼저 더러움이 심한 바깥부터 청소를 시작한다. 마른 헝겊으로 가볍게 유리창을 닦으며 흙먼지를 털어낸다.

❷ 탄산수를 뿌린 다음 위에서 아래 방향으로 유리닦이를 이용해 닦아준다. 그리고 중간에 유리닦이의 고무가 더러워지면 헝겊으로 닦아주는 것을 잊지 말도록 하자. 이렇게 하면 더러움이 주위로 번지는 일 없이 창문을 닦을 수 있다.

❸ 클리닝 클로스와 탄산수로 다시 한 번 유리창 전체를 닦아주면 그것으로 바깥쪽 청소는 끝난다.

❹ 실내 쪽 창문도 같은 방법으로 닦아준다.

산뜻한 화장실의 비결

화장실은 꾸준히 청소해주는 것이 가장 좋은 방법이다.
들어간 김에 더러워진 부분을 체크하고 간단히 닦아주면 청결을 유지할 수 있다.
화장실에 베이킹소다와 구연산수 스프레이를 항상 구비해놓으면,
더러워진 곳을 발견했을 때 바로 청소할 수 있어 편리하다.

변기 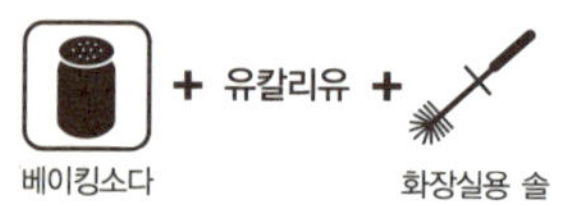

변기를 청소할 때 신경을 써야 할 부분은 변기 안쪽에 물이 고여 있는 부분이다.
이 부분의 때는 곰팡이 등 미생물이 그 원인이다.
아이가 있는 가정에서는 변기와 바닥이 연결된 부분, 변기의 바깥쪽도 꼭 체크해야 한다.
매일 한 번씩 변기 안을 솔로 문질러준다든지,
구연산수를 뿌려주는 것만으로도 변기가 더러워지는 것을 상당히 예방할 수 있다.

평소 관리법

베이킹소다 + 유칼리유 + 화장실용 솔

① 베이킹소다 2컵에 항균작용을 하는 유칼리유를 10방울 정도 떨어뜨려 골고루 섞어준다.

② 그것을 변기 안쪽에 뿌린다.

③ 화장실용 솔로 문지른다.

④ 바로 물로 헹구어주는 것도 좋지만, 물이 탁한 것이 거슬리지 않는다면 그대로 놔두도록 하자. 그러면 화장실 안에 유칼립투스향이 감돌게 된다.

더러움이 심한 경우

베이킹소다 + 비눗물 + 구연산수

유칼리유 + 화장실용 솔

이 방법은 하나의 해결책이기는 하지만 유감스럽게도 극적인 효과를 기대하기는 어렵다. 오랜 시간에 걸쳐 번식한 미생물은 조급함을 버리고 꾸준히 관리하여 조금씩 제거해가는 수밖에 없다.

① 변기 내의 수위를 가능한 한 낮춘다. 고인 물에 솔을 넣고 몇 번 상하로 움직이면 수위가 낮아진다. 거무스름한 얼룩이 완전히 드러날 때까지 수위를 낮춘다.

❷ 변기 내의 평평한 부분에 베이킹소다를 넣고 비눗물 몇 방울과 유칼리유 1~2방울을 떨어뜨린 다음 화장실용 솔로 변기 속을 문질러준다. 더러움이 심한 부분은 특히 힘을 줘서 문지른다.

❸ 구연산수 200cc를 전자레인지에 넣고 1분간 가열한다. 그리고 그 구연산수를 더러운 부위에 뿌리고 가능한 한 하룻밤 정도 방치해둔다.

❹ 다음 날 아침에 화장실 물을 내려주면 변기 안이 깨끗해진다.

모든 방법을 동원해도 더러움이 제거되지 않는 경우

어떻게든 그 더러움을 제거하고 싶다면, 결이 고운 내수성 사포를 사용하는 방법이 있다. 하지만 위생도기 제조회사에서는 "변기 내에 흠집이 생기면 그곳에 오염물질이 스며들어 더러움을 제거하는 것이 점점 더 어려워진다."고 한다.

변기 내 수위를 가능한 한 낮춘 다음, 사포를 더러운 부분에 대고 살짝 문질러 오염물질을 떼어낸다. 반복하면 흠집이 생기므로 딱 한 번밖에 기회가 없다는 각오로 조심스럽게 작업해야 한다.

변기  toilet

변기 주위의 평소 관리법

① 청소를 시작하기 전에 먼지를 털어낸다. 화장실용 비로 쓸고, 낡은 헝겊을 끼운 밀대걸레로 닦아준다.

② 변기 주변에 구연산수를 뿌린다.

③ 헝겊으로 걸레질을 해준다.

변기 주위의 더러움이 심한 경우

① 스팀청소기를 이용해 더러움을 제거한다.

② 헝겊으로 더러움을 닦아낸다.

변좌와 비데 

변좌를 올리면 여기저기에 노란색 얼룩이 눈에 띈다.
그리고 비데의 노즐을 빼보면 "이런 곳에서 나오는 물로 씻었단 말이야?"라는 말이
저절로 나올 만큼 심하게 오염되어 있다.
구연산수로 부지런히 관리하는 것이 기본. 화장지를 사용하면 간단하다.
변좌와 뚜껑을 분리할 수 있는 변기는 평소에 분리하여 청소를 해주도록 한다.

변좌가 더러운 경우

❶ 전기로 변좌를 따뜻하게 데워주거나, 물을 분사해주는 비데의 경우는 우선 전원을 내린다.

❷ 변좌에 구연산수를 뿌리고 조심스럽게 헝겊으로 닦아준다.

❸ 좁은 틈 등 손이 미치지 않는 곳에는 칫솔이나 면봉을 이용한다.

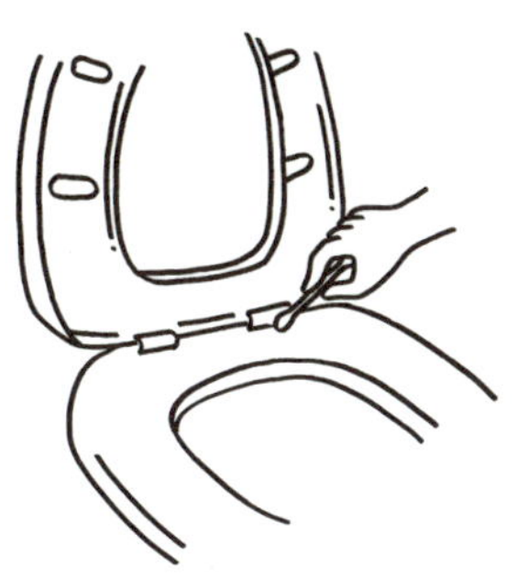

비데의 노즐 청소법

❶ 조심스럽게 노즐을 빼낸다. 너무 힘껏 빼내면 원상태로 돌아가지 않으므로 주의가 필요하다. 손으로 직접 만지는 것이 마음에 걸리는 사람은 낡은 헝겊으로 싸서 빼준다.

❷ 구연산수를 뿌린 헝겊으로 노즐 전체를 닦는다.

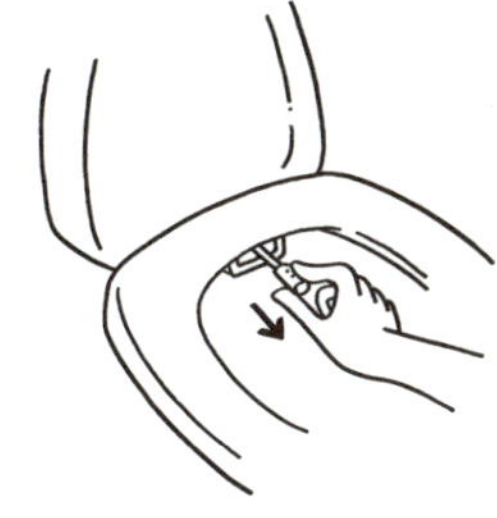

스팀청소기가 있다면

화장실 청소에 스팀청소기는 매우 유용하지만, 무턱대고 사용하는 것은 금물이다. 변좌는 합성수지 제품으로 내열온도가 70~80도이기 때문에, 조금 거리를 두고 스팀을 쏘여주도록 하자. 그러면 증기가 변좌에 도달하기까지 온도가 내려간다.

생리대 전용 휴지통 

합성수지 휴지통은 정전기로 검은 얼룩이 생기면 불결한 느낌을 준다.
냄새가 들어차기도 쉬우므로,
때때로 구연산수로 닦아주면서 악취도 제거해주도록 한다.

평소 관리법

❶ 생리용품을 버리는 전용 휴지통은 냄새가 차게 마련이다. 휴지통 내부뿐만 아니라 외부에도 구연산수를 뿌리고 헝겊으로 닦아준다.

❷ 뚜껑을 닫기 전에 바닥에 베이킹소다를 살짝 깔아주면 베이킹소다가 냄새를 흡수한다. 베이킹소다에 유칼리유를 떨어뜨리면 잡균의 번식을 억제할 뿐만 아니라, 동시에 산뜻한 유칼립투스향도 즐길 수 있으므로 일석이조이다.

생리대 전용 휴지통은 꼭 필요한가?

공공장소에서는 어찌 되었건 가정에서도 과연 생리대 전용 휴지통이 필요한 걸까? 친구네 집에 갔을 때 화장실에 생리대 전용 휴지통이 있어도, 사실 나중에 다른 사람이 그것을 처리한다고 생각하면, 버리는 것이 이만저만 망설여지는 것이 아니다. 그리고 아이가 있는 가정에서는 방심한 틈에 아이가 열어보는 건 아닌가 하고 불안해서 화장실에 놓는 데 용기가 필요하다. 나 같은 경우는 큰아들이 중학생이라 어린아이들과는 또 다른 의미에서 그것을 놓기가 쉽지 않다. 폴리머나 합성수지로 만들어진 생리대를 가연 쓰레기로 내놓는 것이 마음에 걸리기도 하거니와 휴지로 둘둘 말아 버리는 것도 가족들의 시선이 의식되어 마음이 편치 않다.

그래서 나는 친구가 속옷처럼 빨아 쓸 수 있다며 권해준 헝겊생리대를 애용 중이다. 사용감이 무척 좋아 피부가 약한 딸아이에게도 앞으로 권해줄 생각이다. 이것은 일회용처럼 쓰고 버리는 것이 아니기 때문에 전용 휴지통이 필요 없다.

언제나 기분좋은 현관

우리 집 첫인상은 현관에서부터.
특별히 꾸미지 않더라도 구석구석
깨끗이 청소한 현관에
신발이 가지런히 정리되어 있으면
그것만으로도 충분히 호감을 줄 수 있다.
흙이나 먼지가 눈에 띄지 않는
기분 좋은 현관에서 손님을,
그리고 가족을 맞이하기 위해서는
어떻게 하면 좋을지 생각해보자.

신발장 

신발장 안은 아무래도 냄새가 나게 마련이다.
햇볕 좋은 날, 베란다에 신발을 전부 꺼내놓고 그늘에서 말리면서,
신발장 안을 청소하도록 하자.
기본적인 청소 방법은 같지만, 선반의 소재에 따라 약간의 차이는 있다.

평소 관리법

❶ 신발장을 모두 비운다.

❷ 선반을 분리할 수 있는 디자인이라면 분리하여 꺼낸다.

❸ 작은 비로 흙먼지 등을 쓸어 모은다. 선반의 소재가 나무인 경우 물에 적시면 건조시키기 어려우므로 비로 정성껏 쓸어준다.

더러움이 심한 경우

❶ 선반을 분리한다.

❷ 들러붙은 더러움을 운동화솔로 문질러 준다.

❸ 그래도 더러움이 제거되지 않으면 소량의 베이킹소다를 뿌린 다음 운동화솔로 다시 한 번 문지른다.

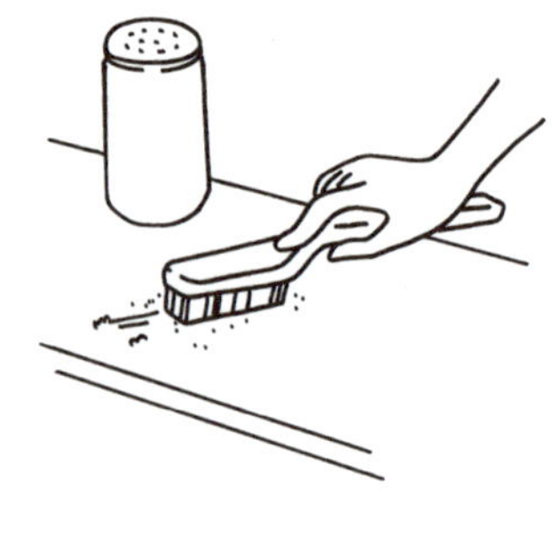

❹ 선반이 플라스틱인 경우는 구연산수를 뿌리고 낡은 헝겊으로 닦는다.

신발장 Entrance

효과 만점의 탈취제

'환경친화적인 청소' 홈페이지를 관리하고 있는 클린 플래닛에서 추천하는 탈취제는 베이킹소다보다 탈취 효과가 더 뛰어나고 곰팡이 예방에도 도움이 된다.

베이킹소다 반 컵 분량에 유칼리유 4방울과 티트리 에센셜 오일 10방울을 뿌리고 가볍게 섞어준다.

천연 곰팡이 방지제

클린 플래닛에서 추천해준 신발에 곰팡이가 생기는 것을 예방하는 방법이다. 베르가못 오일 3방울, 유칼리유 2방울, 티트리 오일 5방울을 잘 섞어 솜뭉치에 묻힌 다음 신발장에 넣어두면 끝. 만들기도 쉽고 안전한 곰팡이 방지제이다.

Q '티트리'나 '베르가못' 에센셜 오일이란 무엇인가?

A 티트리는 오스트레일리아 원주민인 애버리지니가 오랫동안 치료약으로 사용해온 오일이다. 살균소독작용이 뛰어나 오스트레일리아에서는 '병에 담긴 구급상사'로 불리기도 한다. 티트리 오일의 향기는 사람에 따라 좋고 싫음에 차이가 있는 것 같다. 이 오일 향을 맡으면 학교 양호실이 떠오른다는 친구가 있었다. 나도 비슷한 생각을 했다.

한편 베르가못은 홍차의 얼그레이 향을 첨가한 오일이다. 이 오일에는 살균작용과 탈취작용, 살충효과 등이 있는 것으로 알려져 있다.

두 오일 모두 전문점에서 판매하고 있으며, 요즈음은 인터넷에서도 간단히 구입할 수 있다.

현관 바닥 

밖에서 신발에 묻혀오는 흙이나 먼지가 어느새 현관 바닥에 소복이 쌓인다.
애완동물을 키우는 가정은 동물털이 굴러다니고, 아이가 있는 가정은 금방 진흙투성이가 된다.
어쩌면 가족의 상황을 가장 잘 반영해주는 곳이 현관 바닥일지도 모른다.
바닥 청소의 기본은 비로 쓸어주는 것이지만, 스팀청소기를 사용하면
많은 물을 사용하지 않고도 더러움을 씻어낼 수 있기 때문에, 아파트 등에 적극 추천하는 바이다.

평소 관리법

❶ 양동이에 체온과 비슷한 정도의 따뜻한 물을 준비한다.

❷ 베이킹소다를 바닥 전체에 뿌린다.

❸ 솔을 가볍게 적신 뒤, 구석구석까지 베이킹소다를 문지르듯이 씻어준다.

❹ 중간에 솔이 더러워지면, 몇 번이고 따뜻한 물로 씻은 다음 이 작업을 계속한다.

❺ 따뜻한 물을 바닥 전체에 뿌려서 더러움을 흘려보낸다.

❻ 문턱은 헝겊으로 닦아준다.

스팀청소기가 있다면

차 찌꺼기 + 비 + 스팀청소기 + 낡은 헝겊

❶ 현관 바닥에 놓아둔 물건들을 전부 치우고, 차 찌꺼기를 뿌린다. 비를 이용하여 차 찌꺼기를 굴린다는 느낌으로 쓸어준다.

❷ 먼지를 쓰레받기에 담은 뒤, 스팀청소기를 가장자리에서부터 쏘여준다. 타일이나 대리석이라면 각각 1장씩 스팀을 쏘여준다.

❸ 스팀을 쏘인 부분은 낡은 헝겊으로 닦아주고 다른 장소로 이동한다.

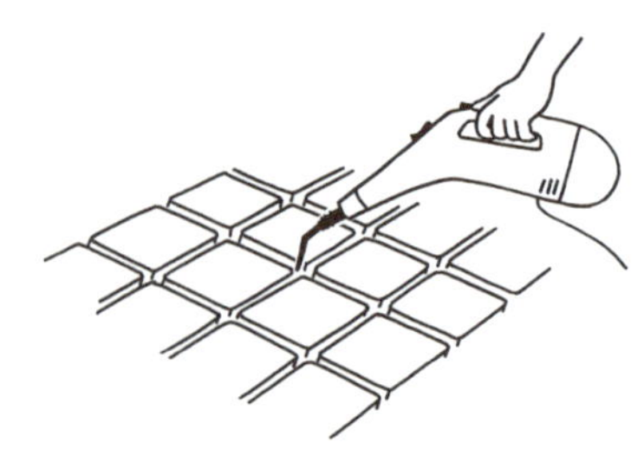

Q 사용하지 않게 된 화학세제는 어떻게 할까?

A 내추럴 클리닝을 시작한 뒤 가장 먼저 부딪히게 되는 문제가 바로 이것이다. 일반적으로 부엌용이나 욕실용의 합성세제는 고온에서 태우면 생각만큼 유해물질이 나오지 않기 때문에 환경에 큰 영향을 주지 않는다고 한다. 그래서 신문이나 낡은 헝겊에 흡수시켜 가연 쓰레기로 분리하여 내놓으라고 충고한다.

문제는 염소계 표백제 등의 극약 성분이 함유되어 있는 세제이다. 이 문제에 대해서는 우리도 마땅한 묘안이 없어 후생성 쪽에 물어보았다. 그런데 변기에 따라 버린 뒤 물을 내리라는 답변이 왔다. "전국에 있는 수많은 사람들이 그렇게 하면 강이 오염되잖아요."라고 말했더니 "물로 희석되기 때문에 괜찮다."라는 일관된 대답이었다. 일본환경협회에서도 "현재 가정에서 할 수 있는 방법은 화장실 변기에 버리거나, 아니면 산업폐기물처리업자에게 인계하는 것밖에 없다."는 설명이다. 그 정도로 강한 화학물질이다. 한번 구입하면 버릴 곳이 없으니 아예 구입하지 않는 편이 낫지 않을까?

Q 평소에 식초+에센셜 오일로 청소를 하고 있는데 임신 중에 주의할 점은 없나?

A 베이킹소다, 구연산, 식초 등은 임신 중에 사용해도 무방하다. 단, 대부분의 오일은 안정기에 접어들 때까지 사용하지 않는 편이 좋다고 한다. 그 후에도 오일 중에 유칼리유와 세이지, 로즈메리, 캐머마일 등은 사용을 삼가는 편이 좋다. 유아기의 피부에 닿아도 괜찮은 것은 라벤더와 캐머마일 정도이다. 단순히 좋은 향기가 날 뿐 아니라 강한 효능을 지니고 있기 때문이다. 그러므로 임신, 출산 후에도 한동안 에센셜 오일의 사용은 피하는 것이 좋다.

Q 베이킹소다로 인해 피부가 거칠어지진 않나?

A 나는 손의 피부가 매우 건조한 편이다. 아이들과 모래장난을 하다 보면 손이 까칠까칠해지고 피부가 갈라져 피가 날 정도이다. 그러나 현재 청소할 때 베이킹소다를 사용하고 있지만 큰 문제는 없다. 그래도 개인차가 있으니 무조건 괜찮다고 장담할 수는 없다. 사용해보고 상태가 나빠질 것 같으면 사용을 보류하는 편이 좋겠다.

Q 베이킹소다를 사용하다 보면 점점 사용량이 늘어나는데 수질 등에 영향을 미치지는 않나?

A 베이킹소다를 물에 많이 녹여 농도가 짙어진다 해도 베이킹소다에는 pH 수치가 일정 수준 이상 거의 변화하지 않는 성질이 있다. 그래서 베이킹소다를 녹인 물을 바다나 강에 흘려보내도 pH에 별 영향을 주지 않으며, 물에 녹으면 분해되어 자연계의 나트륨이온과 탄산수소이온으로 돌아간다.

Q 베이킹소다에도 유통기한이 있나?

A 베이킹소다가 식품 재료인 만큼 유통기한을 걱정하는 분들이 있는데, 청소에 사용하는 것이므로 그렇게 민감하게 여길 필요는 없다. 베이킹소다는 식초나 레몬을 뿌렸을 때 거품이 생기면, 충분히 사용 가능하다.
비눗물은 사용할 때마다 만들어 쓰기 때문에 장기간 보존해본 적은 없다. 하지만 미국의 관련 책에서는 3개월 정도 보존 가능하다고 쓰여 있다.

Q 구연산과 식초를 물에 희석시켜 사용하고 있다. 그런데 이 희석액은 언제까지 사용할 수 있을까?

A 기본적으로 베이킹소다와 마찬가지로, 음식에 사용하는 것이 아니므로 그렇게 민감하게 생각할 필요는 없다. 물로 희석시키는 만큼 역시 부패하지 않을까 하는 우려가 생길 수도 있지만, 식초와 구연산을 희석시킨 물은 모두 산성수이기 때문에 잡균이 번식하거나 부패할 걱정은 없다고 한다. 구연산이 부패 방지에 뛰어난 효과가 있는 것을 감안하면 납득이 가는 설명이다.

스프레이 등의 용기에 담아 뚜껑을 꼭 닫아 보관하면 3개월 정도는 충분히 사용할 수 있다. 그러나 우리 집처럼 빈번하게 구연산수를 사용하는 가정이라면 분명히 한 달 정도면 바닥이 드러나게 될 것이다.

Q 청소할 때, 전날 밤 목욕하고 남은 물을 이용해도 될까요? 그리고 베이킹소다를 넣은 목욕물을 청소에 사용해도 괜찮을까요?

A 목욕 후 아직 식지 않은 따뜻한 목욕물은 특히 겨울철에 큰 도움이 된다. 목욕에 사용한 물은 잡균이 번식하기 때문에 세탁이나 청소에 적합하지 않다는 의견이 있지만, 실제로는 그다지 강력한 잡균은 없기 때문에 세탁과 청소에 활용해도 문제는 없다. 모처럼 더운 물을 이용할 수 있는 기회이므로 마음껏 활용하기 바란다.

그리고 베이킹소다를 입욕제로 사용하면 피부가 부드러워지고 몸의 때도 더욱 잘 벗겨진다고 한다. 욕조에 베이킹소다를 넣은 목욕물을 하룻밤 그대로 두었다가 다음 날 비누로 닦아주면, 열심히 문지르지 않아도 욕조는 반짝반짝 깨끗해진다. 한편 세면기와 변기를 닦아도 기분 좋게 깨끗해지기 때문에 거기에 이용하는 분들도 있다. 나는 욕조에 남은 목욕물과 구연산으로 세탁기의 세탁조를 청소한다.

Q 시판하는 일반 세제 용기를 재활용해도 괜찮은가?

A 정제수나 식료품이 담겨 있던 병을 깨끗하게 씻어서 재활용하는 것은 좋은 아이디어이다. 하지만 합성세제 등이 담겨 있던 용기는 물로 씻는 것만으로는 세제가 완전히 제거되었다고 장담할 수 없다. 그래서 그 용기에 집에서 만든 자연세제를 담았을 때 잔류물과 섞일 가능성 등을 고려하면 그다지 권하고 싶지 않다. 자연세제와 시판되는 합성세제를 섞거나, 함께 사용하는 것은 피하도록 한다.

간단하고 환경 친화적이며 기분 좋은 청소를……

우리 집 큰아들이 5학년일 때 가정 과목 중에 세제에 대해 조사해오라는 숙제가
있었다. 집에서 사용하고 있는 세제의 종류와 용도를 알아오라는 것이었다. 그때
우리 집에는 세제라 해도 비누와 베이킹소다, 그리고 당시에는 식초밖에 없었다.
이 세 가지 재료로 청소하는 것을 당연하게 생각했던 아이는 학교에 가서 그렇게
발표했던 모양이었다. 그러나 내추럴 클리닝에 대해 몰랐던 반 친구들은 "그런
걸로 집을 청소한다니 말도 안 돼."라든가, "너희 집은 정말 불결하구나."와 같은
말로 우리 아이를 놀렸다고 한다. 결국 큰아이는 울며 집으로 돌아와서 이렇게
말했다. "나는 다른 집처럼 여러 가지 세제를 사용하는 엄마가 더 좋아."
그 말을 듣고 비로소 우리 집 방침이 일반적인 가정과 다르다는 것을 깨달았다.
그럼에도 지금까지 내추럴 클리닝을 계속할 수 있었던 것은 그 청소법이 내가 알
고 있는 가장 간단한 청소법이며, 장난기 많은 아이들과 함께 해도 안전한 방법
이기 때문이다.
그리고 우리 홈페이지인 클린 플래닛의 게시판에는 내추럴 클리닝을 응용한 다
양한 방법을 실험하고 있는 사람들의 글이 잔뜩 올라와 있다. 직접 만난 적은 없
지만 그들의 이야기를 읽으며 웃기도 하고 격려받기도 한다. 이렇게 공통의 관심
사를 갖고 있는 친구들이 전국에 있었기에 중간에 포기하는 일 없이 지금까지 즐
거운 마음으로 계속할 수 있었다.
이 책에서 소개한 내용들은 지난 4년간 직접 시도해봤던 개인적인 경험과 게시판
을 통해서 알게 된 지혜를 종합하여 정리한 중간보고서라 할 수 있다.
처음에는 구연산과 베이킹소다를 어디에서 구입해야 할지도 몰랐던 내가, 스팀
청소기를 직접 한번 봤으면 좋겠다는 바람을 품고 있던 내가 지금은 홈페이지에
서 직접 베이킹소다를 판매하고, 스팀청소기를 자연스럽게 사용하고 있으니 대

단한 발전이 아닐 수 없다.

이 책을 준비하면서 여러 제조회사의 이야기를 들을 수 있는 기회가 주어졌다. 짧은 시간 안에 건조되는 욕실 바닥, 변좌가 분리되는 화장실, 초극세사로 된 클리닝 클로스 등 설비, 기구, 소재 등이 하루가 다르게 향상하고 있다는 사실을 깨달을 수 있었다.

동시에 비와 먼지떨이를 이용한 청소는 이미 사라질 위기에 처해 있음을 실감했다. 오래된 먼지떨이 등을 버리고 새로 구입하려 해도 근처 슈퍼에서 거의 찾아보기 어려운 형편이다.

나는 "청소는 반드시 비로 해야 한다든가, 베이킹소다가 아니면 절대로 안 돼."라고 무언가를 강하게 고집하는 타입은 아니다. 다양한 방법과 도구 중에서 나에게 맞고 손쉽게 실천할 수 있으며, 기분 좋게 사용할 수 있는 것이면 된다는 것이 내 솔직한 심정이다. 사람이 100명 있으면 그 청소 방법도 제각각이라 100가지의 방법이 있을 테고, 거기에 정해진 정답은 없다고 생각한다.

그러므로 많은 분들이 이 책의 내용을 다양하게 활용하여 나름대로 청소를 즐길 수 있기 바란다. 그것이 생활 속에서 내추럴 클리닝을 지속적으로 실천할 수 있는 요령이다.

그 응용 방법을 다른 사람들에게 살짝 자랑하고 싶다면 망설이지 말고 부디 메일(admin@katoko.com)로 보내주기 바란다. 모두의 지혜를 함께 나누고, 그로 인해 많은 사람들이 기분 좋게 청소를 즐길 수 있다면 그 이상 기쁜 일이 없을 것이다. 이 책이 나오기까지 애써주신 출판사 편집부와 취재에 응해주신 관련 회사의 모든 분들, 상품제공 등 협력해주신 분들, 클린 플래닛의 io 씨, 그리고 실험대가 되어준 우리 가족에게 깊은 감사의 말을 전하고 싶다.

사코 노리코

청소가 즐거워지는 상품

✱ 구연산

큰 약국이나 인터넷에서 구입할 수 있다. 구연산을 구하기 어렵다면 식초를 2~3배 희석시켜 사용한다.

✱ 베이킹소다

내추럴쉐이커는 양념통처럼 뿌리기 편한 용기에 담겨 있어 베이킹소다를 처음 사용하는 분에게 적당하다.

✱ 손잡이가 긴 비

손잡이가 긴 비는 매우 마음에 드는 청소도구로 하나쯤 가지고 있으면 요긴하게 쓰인다.

✱ 비누

천연유지를 원료로 한 샤본다마 천연가루비누는 순비누분 99%로 방부제, 합성계면활성제 등 어떠한 화학물질도 첨가하지 않은 제품이다. (www.shabon.co.kr)

✱ 테이블용 작은 비

천연소재의 제품이 좋지만 좀처럼 손에 넣기가 어렵다.

✱ 깃털 먼지떨이

깃털이 2단 이상 붙어 있으면 사용하기 편하다.

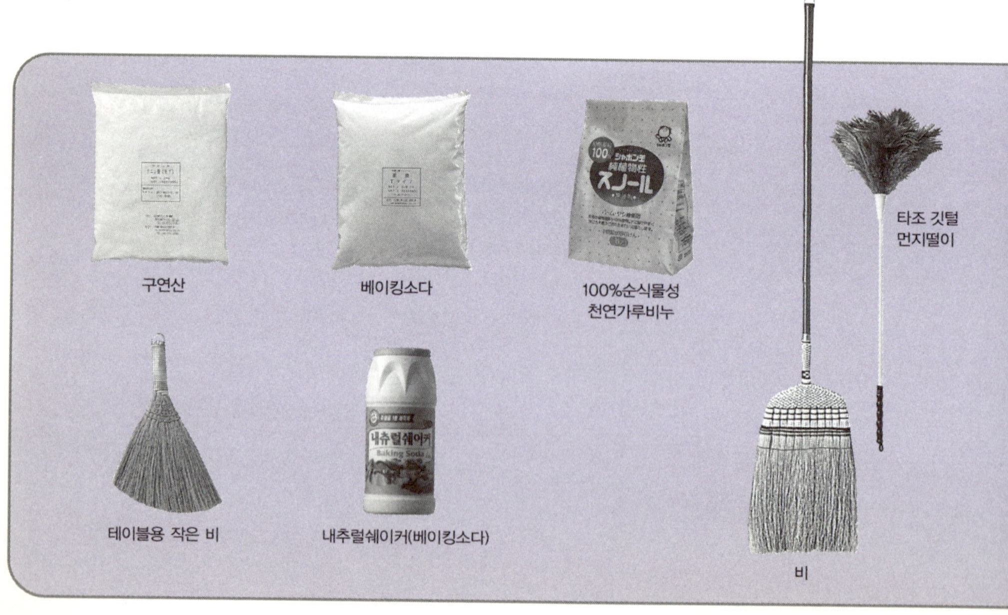

✳ 솔

솔의 종류는 다양하다. 어떤 솔 손잡이는
유리닦이 등의 손잡이로도 활용 가능한 제
품도 있다.

✳ 밀대걸레

클립식은 빠지기 쉬우므로 걸레의 네 귀퉁
이를 꼭 고정시켜주는 제품을 구입하는 것
이 좋다.

✳ 유리닦이

비싸고 디자인이 뛰어난 제품보다는 심플
한 디자인에 실용적인 제품을 선택한다.

✳ 클리닝 클로스(초극세사)

일회용은 편리하지만, 세탁하여 재사용이
가능한 제품을 구입하는 것이 좋다.

✳ 스팀청소기

스팀 온도 등은 큰 차이가 없다. 부품이 얼
마나 잘 갖추어져 있는지, 그리고 필요 시
부품의 주문배달이 가능한지를 고려하여
선택하도록 한다.

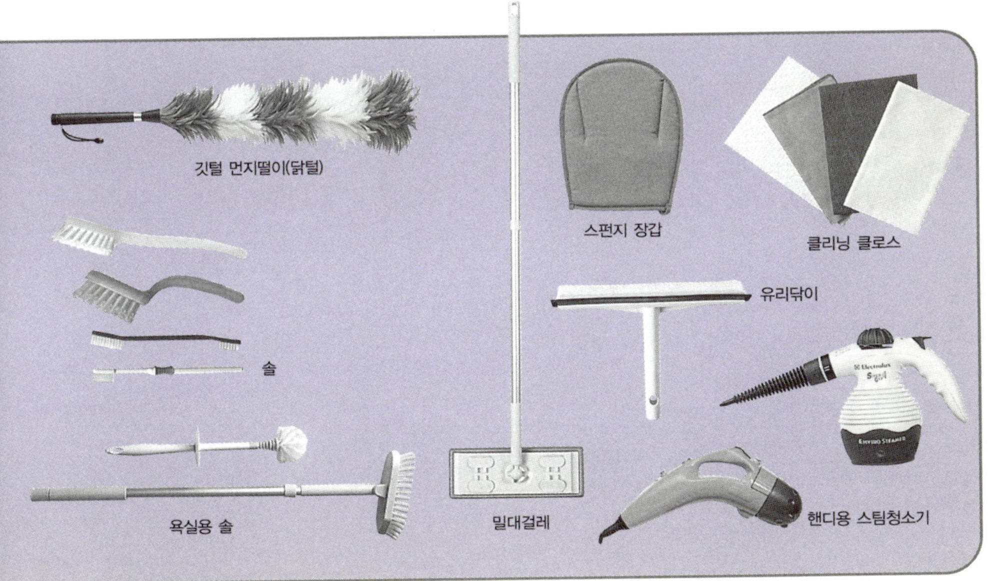

옮긴이 **구현숙**

한남대학교 일어일문과,
일본외국어전문학교 일한통역과를 졸업했다.
일본 L&G사의 한국지사인
L&G 코리아에서 근무했으며
현재 전문번역가로 활동하고 있다.
옮긴 책으로는《나를 변화시킨 운명의 한마디》,
《워킹》,《수의 모험》,
《내가 최고다》등이 있다.

먹는 재료로 청소한다
내추럴 클리닝

초판 1쇄 인쇄_ 2006년 3월 10일
초판 1쇄 발행_ 2006년 3월 15일

지은이_ 사코 노리코
옮긴이_ 구현숙
펴낸이_ 명혜정
펴낸곳_ 도서출판 이아소

디자인_ maya

등록번호_ 제311-2004-00014호
등록일자_ 2004년 4월 22일
주소_ 122-911 서울시 은평구 응암3동 124-2번지 101호
전화_ (02)352-0446 팩스_ (02)352-6640

책값은 뒤표지에 있습니다.
ISBN 89-955538-9-8 13590

도서출판 이아소는 독자 여러분의 의견을 소중하게 생각합니다.
E-mail: m3520446@kornet.net